U0190029

"十三五"国家重点出版物出版规划项目

前沿科技普及丛书

新材料科普丛书

走近前沿新材料②

主　　编　韩雅芳　潘复生

副 主 编　唐　清　张增志

执行副主编　魏丽乔

编　　委（按姓氏笔画排序）

于　瀛　于相龙　王　建　王　奎　尹　斓

孙　宾　杨国强　张加涛　张金仓　张增志

武　英　赵志远　相恒学　姚可夫　徐　萌

唐　清　梅永丰　梁芬芬　蒋洞薇　韩雅芳

曾荣昌　潘复生　魏丽乔

中国科学技术大学出版社

内 容 简 介

　　我国高新技术产业发展面临的"卡脖子"问题,很多就卡在材料方面。新材料产业是制造强国的基础,是高新技术产业发展的基石和先导。为了普及材料知识,吸引青少年投身于材料研究,促使我国关键材料"卡脖子"问题尽快解决,中国材料研究学会特意组织了一批院士和顶级材料专家,甄选部分对我国发展至关重要的前沿新材料进行介绍。本书涵盖了18种最新的前沿新材料,主要包括信息智能仿生材料、纳米材料、医用材料以及新能源和环境材料。所选内容既有我国已经取得的一批革命性技术成果,也有国际前沿材料、先进材料的研究成果,助力推动我国材料研究和产业快速发展。每一种材料的科普内容独立成文,深入浅出地阐释了新材料的源起、范畴、定义和应用领域,并配有引人入胜的小故事和原创图片,让广大读者特别是中小学生更好地学习和了解前沿新材料。

图书在版编目(CIP)数据

　　走近前沿新材料.2/韩雅芳,潘复生主编.—合肥:中国科学技术大学出版社,2020.7

　　(前沿科技普及丛书·新材料科普丛书)

　　"十三五"国家重点出版物出版规划项目

　　ISBN 978-7-312-05043-5

　　Ⅰ.走⋯　Ⅱ.①韩⋯②潘⋯　Ⅲ.材料科学—普及读物　Ⅳ.TB3-49

　　中国版本图书馆CIP数据核字(2020)第164688号

走近前沿新材料.2

ZOU JIN QIANYAN XIN CAILIAO.2

出版	中国科学技术大学出版社 安徽省合肥市金寨路96号,230026 http://press.ustc.edu.cn https://zgkxjsdxcbs.tmall.com
印刷	合肥市宏基印刷有限公司
发行	中国科学技术大学出版社
经销	全国新华书店
开本	710 mm×1000 mm　1/16
印张	9.75
字数	160千
版次	2020年7月第1版
印次	2020年7月第1次印刷
定价	60.00元

序

　　材料是人类文明的物质基础,是人类物质文明发展划时代的里程碑。人类历史就是沿着石器时代、青铜器时代、铁器时代直至当今的新材料时代一路走过来的。可以说,人类社会的发展史,就是一部人类认识、开发、应用材料的历史。每一种重要材料的开发和应用,都把人类认识和利用自然的能力提高到一个新的水平。材料改变未来,这不仅是人们的一种美好愿景,也是未来材料发展的一种必然结果。材充环宇,料满天下。我们生活的这个世界,材料无处不在,大到数十米的导弹、火箭及飞机,甚至数百米的船舰结构部件,小到微纳米级的半导体集成电路芯片,包括飞驰而过的高速列车、新能源汽车动力电池、轻量化车身、液晶显示屏、5G手机、互联网、人工智能、机器人、住房等,都离不开材料。

　　进入21世纪,新材料发展迅速,在国民经济和人们的生活中发挥着重要作用,扮演着支柱角色,因此而被列为六大新兴产业之一。

　　科技创新、科学普及是实现创新发展的两翼。没有全民科学素质的普遍提高,就难以组建起一支高素质创新大军,也难以实现科技成果快速转化。因此,提高全民科学素质、普及科学知识是每一个科技工作者的责任和义务。

　　中国材料研究学会是以推动我国新材料的学科发展、科技进步和产业发展为宗旨的全国一级学会。多年来,学会响应国家号召,以提高全民科学素质为己任,把普及新材料知识、弘扬科学精神、传播科学思想看作社会和时代赋予我们的光荣使命。为此,我们于2018年年初决定编写一套"新材料科普丛书",面向广大青少年,以启发他们的认知,激发他们的志向,吸引更多年轻精英投身到新材料事业中来。丛书也面向广大非材料科学领域的科技工作者、管理者和企业家,为他们提供有益的参考。

丛书的内容主要包括新能源材料、生物材料、节能环保材料、信息材料、航空航天材料等前沿领域的新知识。作者系我国长期在一线从事新材料科学研究、教育与产业化工作的优秀科学家、教育家和工程师。相信当您阅读这套丛书时,就像进入了神奇的新材料世界。我们期待对您有所启发,有所帮助。丛书的第一册已于2019年6月由中国科学技术大学出版社出版,深受读者欢迎。

材料让生活更美好,让我们共同迎接一个更加朝气蓬勃、充满活力的美好明天!

魏炳波

中国科学院院士

中国材料研究学会理事长

前　言

　　在"新材料科普丛书"第一册——《走近前沿新材料.1》出版一周年之际,《走近前沿新材料.2》与读者见面了。《走近前沿新材料.1》问世后,受到广大读者的欢迎,并已荣获安徽省科普作家协会2019年优秀科普作品奖。 前沿新材料在当今备受关注,是未来社会发展的重要技术领域之一。它具有比传统材料更优异的特殊功能,将会对未来社会产生颠覆性的巨大变革。材料是立国之本、强国之基,任何一个国家在经济、产业、科技、教育等方面的明显优势,都与他们在新材料的科研、产品和技术的开发及应用、产业化和市场推广等方面的强大支撑密切相关。

　　我们希望通过这部新材料科普读物,让广大学子和科技工作者感受和认知材料知识的博大精深,共享材料王国那辉煌灿烂且又无比诱人的浩瀚星空。小小芯片,含有数以亿计的微纳晶体管;神奇的新型玻璃可以救死扶伤;人工设计的超材料具有光的负折射率;人在自由空间里的行走将变得来无影去无踪;飞行器的雷达隐身将大幅提高突防能力;新能源材料将改变未来的能源结构,基于互联网的分布式能源将成为主流,使人们享受那无限的既环保又方便的清洁能源;人工智能、仿生、节能环保、生物医疗等材料将大幅提高人们的生活质量和健康水平。凡此种种,都归结于前沿新材料的研发和应用。

　　本书将引领读者走进新材料的最新发展前沿,步入魅力无穷的新材料世界。本书由材料科研一线的知名科学家倾情撰写,从信息智能仿生材料、纳米材料、医用材料到环境材料,演述每一种新材料的传奇色彩,生动而通俗地介绍材料科学的新知识,使读者在神奇的材料王国中猎奇览胜,与科研一线的科学家们对话材料的发展和未来。期望本书对科学知识普及和技术决策能有所帮助。

韩雅芳

国际材料研究学会联盟主席、中国材料研究学会秘书长

潘复生

中国工程院院士、中国材料研究学会副理事长

目　　录

随波逐流的光线

——从"光喷泉"到光纤

唐　清[*]

提起光纤,您不会感到陌生,首先就会想到光纤通信、海底光缆等。您知道吗?在光纤领域还出了一位有名的华人呢。请看这张2010年中国香港邮政发行的小型张,画面上这位笑容可掬的先生就是鼎鼎大名的"光纤通信之父"、诺贝尔物理学奖得主高锟教授(图1)。高锟(1933—2018),生于江苏省金山县(今上海市金山区),物理学家,教育家,光纤通信与电机工程专家,曾任香港中文大学校长。他因在"有关光在纤维中的传输以用于光学通信"方面做出突破性成就而荣获2009年诺贝尔物理学奖。

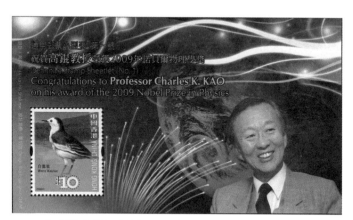

图1　2010年中国香港邮政发行"通用邮票小型张第一号:祝贺高锟教授荣获2009年诺贝尔物理学奖"

画面右下方为高锟教授肖像,中下方为一束点亮的光纤

---

*　唐清,中国科学院科技促进发展局。

光纤是一种柔韧的透明纤维,是将玻璃(二氧化硅)或塑料拉成直径略大于人的头发的直径而制成的。利用光纤可以实现光信号的远距离传输,那么,人们是如何想到利用光纤来传递信息的呢? 是谁发现的呢? 让我们先回到170多年前的欧洲,来回顾一下当时人们所做的一个有趣的实验。

"光喷泉"实验

那是1842年的一天,一位名叫丹尼尔·科拉东(D. Colladon)的法国科学家正躲在巴黎的一个黑屋子里做实验。他准备了一个灌满清水的密不透光的方形水箱,这个水箱有点特别,侧壁上开了一个圆孔,上面镶嵌了一块透明玻璃,而与它相对的侧壁上也开了一个圆孔,与镶嵌玻璃的圆孔遥遥相对,不同的是那里没有安装玻璃,而是塞着一个橡皮塞。科拉东先生把一个光源安装在水箱的玻璃窗外,他点亮了光源,让光线穿过水箱中的水照射在水箱对面侧壁的塞着橡皮塞子的圆孔处。这时,黑屋子里看不到任何光亮。好了,见证奇迹的时刻到了! 当科拉东先生把堵在水箱侧壁圆孔上的橡皮塞子拔开时,奇迹出现了! 一道晶莹剔透闪着白色亮光的水柱从水箱中喷涌而出,就像从"布鲁塞尔第一公民"——小于连身上射出的浇灭坏人企图炸毁城市的炸药包上的导火索一样,水柱划出一条漂亮的抛物线落到地上的水盆中,神奇的是,光线并不是像我们所想象的穿过水箱侧壁上的圆孔沿直线前进,而是被"困"在了水流之中,沿着水流的方向划了一个漂亮的明亮的弧线(图2)! 科拉东先生将这一实验称为"光喷泉"或"光管"实验,并于1842年在一篇题为"关于抛物线液体流中的一束光的反射"的论文中首次做了描述。小伙伴们看到了吧,这条"光喷泉"就是现代光纤的最古老的原型!

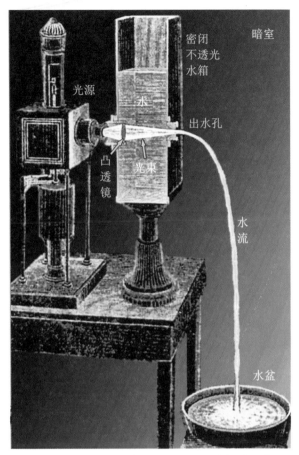

图2　1842年丹尼尔·科拉东所做的"光喷泉"实验装置
（根据网络图片重新制作）

　　12年后，一位名叫约翰·丁达尔(J. Tyndall)的英国科学家在伦敦向公众演示了"光喷泉"现象，惹得人们一片惊呼！说起"丁达尔效应"，学过物理的朋友不会陌生，恰恰就是这位丁达尔先生发现的。"丁达尔效应"(图3)是说，当你在黑暗中用一束光照射一个装满牛奶的玻璃杯时，就会清晰地看到光穿过牛奶时所走过的明亮的路径，当然，其原理与"光喷泉"现象不同，这是由于光照射到牛奶中悬浮着的微小颗粒上所产生的"光散射效应"。

3

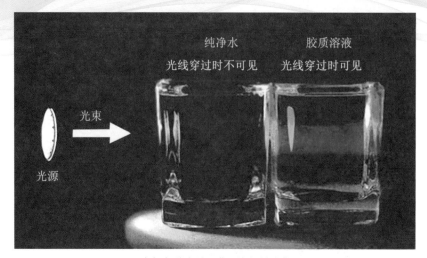

（a）实验室演示"丁达尔效应"

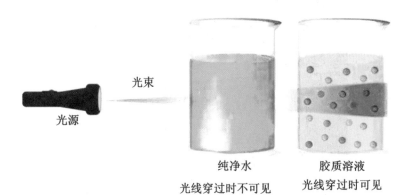

（b）"丁达尔效应"原理示意图

（c）清晨阳光穿过林间薄雾呈现"丁达尔效应"

图3　丁达尔效应

书归正传，"光喷泉"现象或者说光纤工作的原理是什么呢？那就是所谓的全反射效应。

全反射效应

"光喷泉"或者光纤正是利用全反射原理来工作的。当一束光从水里照射到水面时(称之为"入射光")，光就会"兵分两路"，一路被水面(这是空气和水的界面)反射回水中(称之为"反射光")；另一路则会偏离入射光一个角度，穿过水面射到空气中(称之为"折射光")。当不断减小光线与水面的夹角时，你会发现最终会达到这样一种状态，那就是折射光与水面平行。继续减小这个夹角，折射光就会彻底消失，不再"兵分两路"，而是"合二为一"，只剩下反射光了，这种现象就叫作全反射。"光喷泉"和光纤就是利用全反射的原理传输光信号的。养鱼的朋友会在玻璃鱼缸贴近水面处观察到鱼儿极其清晰逼真的镜像倒影，这就是全反射效应。在这种状态下，光束能量的损耗最小，可以传输的距离最远(图4)。

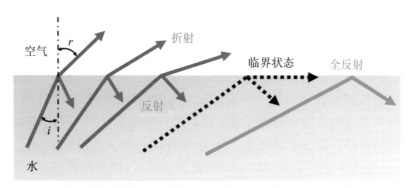

随着入射角i的增大，折射角r逐步增大；当r达到90°时，为临界状态；继续增大入射角，折射光消失，出现全反射现象

(a) 全反射原理示意图

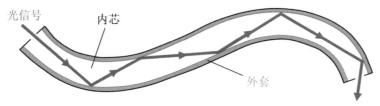

光在内芯和外套的界面上发生全反射

(b) 光纤利用光在内芯和外套之间界面上的全反射来实现信号传输

图4　全反射效应

（c）鱼缸水面全反射所形成的石斑鱼影像

续图4　全反射效应

光纤用于通信有什么优点

使用光纤进行通信的优点，首先是信号传输距离远且携带数据量大。利用光缆或电缆远距离传输信号的方法，是利用一束载波叠加上所要传输的数据，载波带着数据沿着光缆或者电缆向前传播，直到终点站（信号接收方）。信号在传输过程中随着传输距离的延长而不断衰减，当信号衰减到特别弱时，接收一方就无法识别了，因此信号传输都有一定的距离限制。使用光纤要比使用传统的电缆能够传输的距离长很多，同时带宽更高。带宽是指在固定的时间内通过电磁波载体可携带传输数据的能力，带宽越宽，传输的数据量越大，类似于公路交通中的双车道、四车道、八车道。载波，无论是光波还是电磁波，就好比一列火车，载着旅客（即数据信号）沿着一条隧道（即光缆或电缆）奔向终点，光缆中的"车道"比电缆中要多（带宽更宽）。采用光纤通信技术可实现远距离通信，现在全球已建成了多条跨越大洋的海底通信电缆，图5为纪念中韩海底光缆系统开通的纪念邮票。

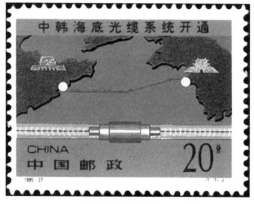

（a）中国邮票（1995年）

（b）韩国邮票（1996年）

图5　中韩海底光缆系统开通纪念邮票

使用光纤通信的另一个优点是抗干扰。在传统的电缆通信中,电信号之间相互干扰是一个严重问题,电磁波会穿透电缆外皮辐射到空中,不同电缆发出的电磁波相互干扰,严重时会使传输信号发生扭曲,导致通信错误。而光纤中的光信号被严格限定在光纤内部,光信号之间互不干扰,相安无事,各行其道。

光导纤维的其他应用

除了用于通信外,光纤还可用于照明和成像。通常把光纤集结成束(图6),利用它们可将光传输到受限空间中,比如在做微创外科手术时,利用纤维内窥镜把光引入人体内部进行照明和成像。特殊设计的光纤还可用于各种其他应用,例如光纤传感器和光纤激光器等。

图6　圣多美与普林西比发行的2015年国际光年纪念小型张
左下为手握一束光纤

就拿光纤传感器来说吧,这是一种将被测对象的状态转变为可测量光信号的传感器。它充分利用了光纤所具有的绝缘、耐水、耐温、耐腐蚀、抗电磁和抗核辐射干扰、纤细、超轻且坚韧的特性,所做成的传感器能够在人无法到达或者对人有害的地区(比如核辐射区)使用,为人类充当"千里眼"和"顺风耳"。不仅如此,它还能超越人的生理界限,"听"到或"看"到人体感官感受不到的信息。

光纤传感器的用途可多啦!比如,可以用在城市建设、桥梁、大坝、油田等状态监测上。人们把光纤传感器预埋在混凝土、碳纤维增强塑料及各种复合材料中,动态监测建筑物的应力变化和动态荷载情况,从而评估桥梁等建筑物在施工阶段和长期营运状态下的结构性能变化。

在电力系统中,光纤传感器可以用来监测变压器和大型电机的定子和转子内的温度变化。由于存在强烈的电磁干扰,传统的传感器无法胜任,只能使用光纤传感器。此外,光纤传感器还可以用来对高铁和火箭推进系统以及油井进行动态监测。可以说,光纤传感器已经深入人们生产和生活中的方方面面,相信未来光纤还会为人类社会的发展和进步发挥更大的作用。

神奇的储氢材料

武　英　吕玉洁　阎有花[*]

化石能源的使用,把人类带入了工业时代,促进了人类文明的极大进步。随着人口急剧增长和工业飞速发展,化石能源短缺与环境恶化的问题日益突出,节能减排、生态环保成为当今时代的"号角"。

氢能作为一种来源广泛、能量密度高的清洁能源,正引起人们的广泛关注。全球对氢能的开发和利用给予了高度重视,以期在21世纪中叶进入"氢能经济"(hydrogen economy)时代。

氢气——自然界最轻的气体

在化学元素周期表中,排名第一的就是氢元素,其原子序数为1,是所有元素中质量最轻的。氢气燃烧时会产生大量的能量,并且只生成水,对环境非常友好。氢气可以通过多种方法制得,如活泼金属与酸反应、电解水法、水煤气法等。由于活泼金属与酸比较难得到,电解水又会消耗大量能量,而水煤气法原料易得,且制造过程简单,所以一般工业制氢都采用水煤气法。

为了将氢气这种高效洁净能源材料应用到各种使用环境中,对氢气进行安全、高效的储存至关重要。常规的储氢方法包括高压气态储氢、低温液态储氢和固态储氢。与高压气态储氢和低温液态储氢不同,固态储氢是利用储氢材料在一定的温度和压力等条件下,通过物理吸附或化学反应将氢气"吃进去",将氢气以氢分子、氢原子或氢离子的方式储存在储氢材料中,

* 　武英、吕玉洁,华北电力大学;阎有花,江苏集萃安泰创明先进能源材料研究院有限公司。

是最有前景的储氢方式。

　　你可能会疑惑,为什么我们要通过复杂的物理或化学方式,将氢气储存在固态储氢材料中? 直接压缩的高压气态储氢或液态储氢方式不更加便捷吗? 其实,在很多应用环境中,我们必须考虑到能源储存的安全性、高效性和环境适应性。例如新能源汽车中存在体积限制,气态储氢的体积储存密度低,所以此种储氢方式是低效的。又由于氢气的易燃、易爆性,气态储氢的安全性很差,从而很难大规模应用。液态储氢的储氢密度大为增加,图1的液氢火箭就是该方式的典型应用。但是氢气液化要消耗很大的冷却能量(液化1 kg氢需耗电4~10 kW·h),另外储存液氢必须使用超低温用的特殊容器,否则容易导致较高的氢蒸发的损失。因而其储存成本较高,安全技术也比较复杂,很难满足新能源汽车的使用要求。而采用固态储氢,不但单位体积储氢量非常高(例如MgH_2为$6.5×10^{22}$ H atoms/cm³,高于液氢的$4.2×10^{22}$ H atoms/cm³),也十分安全,很适合像新能源汽车类的应用环境。图2就是采用固态储氢材料作为动力的公交车。我们今天要说的就是固态储氢的主角——储氢材料。

图1　采用液氢作为推进剂的火箭

图2　采用固态储氢材料作为动力的公交车

储氢材料家族

　　储氢材料家族有两个分支，它们"性格"不同，一个分支性格"温柔"，通过物理吸附作用将氢分子吸附在材料表面，我们称之为"物理吸附储氢材料"；另一个分支性格"暴躁"，通过化学反应将氢分子"拆解"，使氢原子或氢离子和自身元素结合，形成新的化合物，我们称之为"化学吸附储氢材料"。图3解释了储氢材料的物理吸附与化学吸附原理。

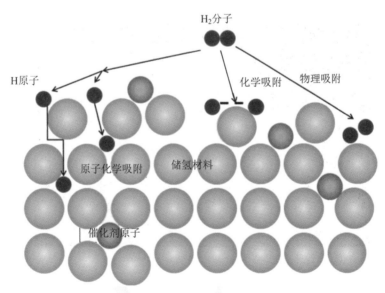

图3　储氢材料的物理吸附与化学吸附原理图

分支一：物理吸附储氢材料——储氢的"海绵宝宝"

它们是一类具有多孔结构和高比面积的储氢材料，类似于海绵吸水那般能够可逆地吸收和放出大量氢气。其家庭成员主要有：多孔碳材料、金属有机骨架化合物(MOFs)、微孔有机聚合物和沸石。因其储氢机理为氢分子吸附在材料表面，故这类材料与氢的相互作用较弱，通常在低温与高压下才具有较好的储氢性能。我们主要介绍一下多孔碳材料与金属有机骨架化合物。

多孔碳材料。多孔碳储氢材料中研究较多的有碳纳米管、活性炭等。图4是氢气(红色)吸附于碳纳米管(灰色)阵列上。早在1997年，美国可再生能源国家实验室的Dillon等人发现：单壁碳纳米管在室温下的储氢容量能达到10 wt.%。此后多个实验室也对碳纳米管的储氢性能进行了研究。在一些乐观成果出现的同时，也有报道称碳纳米管储氢量极低，在室温及3.5 MPa氢压下，其储氢量甚至低于0.1 wt.%。另外，碳纳米管产量低、储氢机理还不明确，在储氢应用上仍存在争议。活性炭的储氢量与其微孔体积呈线性关系。推测显示，比表面积大于4000 m^2/g的活性炭，储氢量可达6 wt.%。一种通过氢氧化钾(KOH)来活化无烟煤得到的活性炭(比表面积为3182 m^2/g)，在常温和20 MPa氢压下有3.2 wt.%的储氢量；在77 K和3 MPa氢压下，储氢量则可达3.4 wt.%。

图4　氢气(红色)吸附于碳纳米管(灰色)阵列上

金属有机骨架化合物。金属有机骨架化合物(MOFs)是由有机配体和金属离子(或团簇)配位形成的多孔隙材料,其结构如图5[*]所示。MOFs孔隙率高,化学稳定性好,微观结构容易控制,比表面积非常大,在一定体积上有更高的储氢量。对MOFs储氢性能的研究表明,它们在低温下具有较高的储氢量,但在室温下仍然有限。例如,MOF-177在77 K和适中的压力下可以实现7.5 wt.%的储氢量,但当温度升到室温时,储氢量则降至1.5 wt.%以下。

物理吸附储氢材料具有较好的吸放氢动力学性能与可逆性。但它们仅能在低温下具有较大的储氢量,在常温时储氢量低,难以满足实际应用要求。

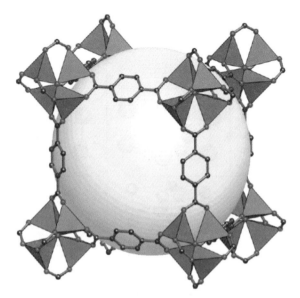

图5　MOF-5结构示意图

黄色的球代表孔隙中可用的空间

分支二:化学吸附储氢材料——储氢的"气功大师"

在化学吸附储氢材料中,氢通过与物质之间的化学作用,以原子或离子形式与其他元素结合。这类材料就像"气功大师"一样,深谙"气沉丹田"之道,吐纳量大,一定条件下可以做到"收放自如",实现可逆吸放氢。化学吸附储氢材料的家庭成员主要有金属氢化物、配位氢化物、化学氢化物及相关衍生物等,它们的储氢性能主要由材料吸放氢化学反应的热力学和动力学特征来决定。

---

*　　Li H, Eddaoudi M, O'Keeffe M, et al. Design and Synthesis of an Exceptionally Stable and Highly Porous Metal-Organic Framework[J]. Nature, 402:276-279.

金属氢化物。金属氢化物是金属与氢反应形成的氢化物。实际的金属储氢材料不仅仅是纯金属，多数是金属间化合物与多元合金，因此也被称为储氢合金。能与氢化合生成氢化物的金属元素通常可分为两类：与氢亲和力大的 A 类金属（如 Ti、Zr、Ca、Mg、V、Nb、稀土等），以及与氢亲和力小的 B 类金属（如 Fe、Co、Ni、Cr、Cu、Al 等）。一般储氢合金都是由 A 类金属与 B 类金属组合在一起制成的，在适宜温度下具有可逆吸放氢的能力。这些储氢合金主要分为以下几大类：AB_5 型（稀土系），AB_2 型（锆系与钛系），AB 型（铁钛系），A_2B 型（镁系）等。各体系代表合金及储氢量见表1。

表1 储氢合金分类

储氢合金	代表合金	氢化物	合金结构图	氢化物结构图	质量储氢容量
AB_5型	$LaNi_5$	$LaNi_5H_6$			1.4 wt.%（室温）
AB_2型	$TiMn_2$	$TiMn_2H_{2.5}$			2.0 wt.%（室温）
AB型	TiFe	$TiFeH_2$			1.86 wt.%（室温）
A_2B型	Mg_2Ni	Mg_2NiH_4			3.6 wt.%（250 ℃）

注：前3幅氢化物结构图来源：Lototskyy M V, Yartys V A, Pollet B G, et al. Metal Hydride Hydrogen Compressors: A Review [J].Int. J. Hydrogen Energy, 2014,39:5818-5851.

金属氢化物储氢具有储氢密度高、能源损耗低、稳定安全、便于储存和运输等显著优势,被公认为是较具发展前景的储氢方式之一。

AB₅合金用作镍氢电池的负极材料是储氢合金中最成功的,已实现大规模工业生产。图6是镍氢电池工作原理图。

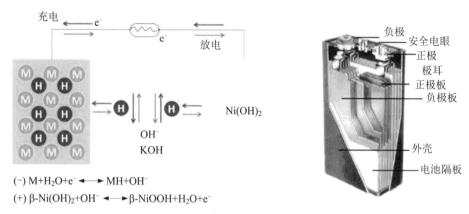

$(-)\ M+H_2O+e^- \longleftrightarrow MH+OH^-$

$(+)\ \beta\text{-}Ni(OH)_2+OH^- \longleftrightarrow \beta\text{-}NiOOH+H_2O+e^-$

图6　镍氢电池工作原理图

A₂B型镁(典型的Mg)系储氢合金是储氢材料中的研究热点。Mg在地壳中含量排第八位(2.7%),储量丰富。镁化学性质活泼,所以在自然界是以化合物或矿物质形式存在的。在300~400 ℃和较高的氢压下,镁能与氢气直接反应生成MgH_2,并放出大量的热,镁基合金吸氢示意图见图7。其理论含氢量可达7.6 wt.%,在用于储氢的可逆氢化物中,镁氢化物具有最高的能量密度(9 MJ/kg),是非常有潜力的储氢材料。

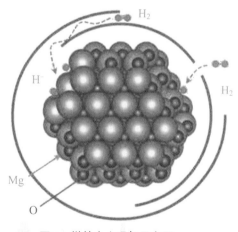

图7　镁基合金吸氢示意图

配位氢化物。配位氢化物是指氢与金属形成的配位化合物,主要有金属铝氢化合物与金属硼氢化合物两类,通式为 $A(BH_4)_n$(其中 A 为 Li、Na、K 等碱金属元素及 Be、Mg、Ca 等碱土金属元素,B 为 Al 或 B 元素等)。目前正在研究的金属铝氢化合物有 $NaAlH_4$、$LiAlH_4$ 和 $Mg(AlH_4)_2$ 等,金属硼氢化合物有 $LiBH_4$、$Mg(BH_4)_2$ 和 $Ca(BH_4)_2$ 等,它们的理论质量储氢量能达到(7.5~18.5)wt.%,图8*分别是其结构图。

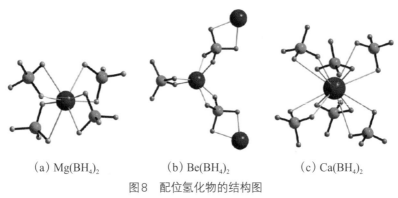

(a) $Mg(BH_4)_2$ (b) $Be(BH_4)_2$ (c) $Ca(BH_4)_2$

图8　配位氢化物的结构图

高储氢容量是配位氢化物用作储氢材料的最大亮点。但它们也存在以下缺点:① 合成较困难,一般采用高温、高压氢化反应或有机液相反应合成;② 放氢动力学和可逆吸/放氢性能差;③ 反应路径复杂,放氢一般分多步进行,实际放氢量与理论储氢量有较大差别。因此,配位氢化物尚不能完全满足实用化的需求。

化学氢化物。化学氢化物是指通过化学反应实现放氢的含氢化合物,可通过热解、水解等反应放出大量氢。化学氢化物的一个重要体系是金属氮氢化合物储氢体系。2002 年有报道称,Li_3N-H 体系具有高达 10 wt.% 的储氢量,其中可逆储氢容量约为 7 wt.%。以此为基础,还衍生出了 $LiNH_2$-CaH_2、$Mg(NH_2)_2$-LiH、$Mg(NH_2)_2$-NaH 和 $Mg(NH_2)_2$-MgH_2 等多种金属氮氢化合物−金属氢化物储氢体系。

另一类重要化学氢化物以氨硼烷(NH_3BH_3)为代表。NH_3 基团中的正氢与 BH_3 基团中的负氢相互作用从而发生分解放氢反应。NH_3BH_3 理论储氢量

*　Černý R, Filinchuk Y, Hagemann H, et al. Magnesium Borohydride: Synthesis and Crystal Structur[J].Angewandte Chemie,2007, 119: 5867-5869.

为 19.6 wt.%,通过将碱金属氢化物引入 NH_3BH_3 体系,从而合成碱金属氨基硼烷化合物,大大降低放氢温度。氨硼烷储氢量高,放氢温度适中,接近实用化储氢材料的要求,但其放氢时可能释放氨气,影响材料的使用环境。

储氢材料的应用与展望

氢能是未来能源结构中发展潜力具大的清洁能源,氢气的储存是氢能应用的关键环节,尤其是固体材料储氢方式,有独特而显著的优势,发展前景十分广阔。图9列举了一些储氢材料的应用领域。储氢材料在民用方面的应用主要立足于氢燃料电池的工程化,可应用于氢燃料汽车("零排放"汽车)、助力车、通信工具(手机、电脑等)、电动工具等方面,且今后将开展氢能发电方面的探索研究,提供替代能源以解决全球性的石化燃料危机。其在军用方面可用于军事设备的移动式电源系统,AlH_3 和 MgH_2 等高活性储氢材料在高能炸药、高能固体推进剂中也有应用。

图9　储氢材料的应用领域

相信在不远的将来,储氢材料将在工业生产与人民生活中广泛应用,让我们的生活环境更加低碳环保,让美丽的绿水青山常在人间!

二 氧 化 钒

——会"变身"的智能材料

武楷博　于　瀛　梅永丰[*]

智能未来——材料科学家可以描绘一个怎样的世界?

在电影《变形金刚》中,擎天柱和大黄蜂等汽车人可以随时"变身"切换形态,让我们向往不已,我们也憧憬着未来世界中这样的智能可以成为现实。

什么是"智能"呢? 人类学家可能会告诉我们,是我们人类自己,因为我们会记忆、有逻辑、善分析;动物学家可能会补充,智能不仅仅局限于智人本身,海豚、猴子、狗、大象等物种,同样拥有互相交流、学习的能力;植物学家进一步拓宽了我们的认识,发现某些植物也十分"聪明",比如有可以感知环境、捕捉昆虫的捕蝇草等,这些都是我们能够在宏观世界找到的答案。

而生物学家则将注意力放在了微观世界当中。他们用显微镜告诉我们,一个细胞是一个复杂生命系统的基本单位,它可以被看作最原始的"智能",因此值得我们仔细研究。比如说,细胞具有很多的"执行"功能,依赖细胞内的各类"士兵"们,像微丝、微管、细胞膜等,完成细胞的分裂、迁移与信号传递。再比如,细胞还具有一个"控制"系统,可以自主完成DNA的复制、细胞内离子的扩散等。他们认为:细胞拥有可以进行"分析"的"大脑",例如当细胞中同时具有葡萄糖和乳糖时,细胞可以"命令"只从葡萄糖中获得能量而不对乳糖进行分解,因为那样效率比较低,而细胞很善于"精打细算"。

除了生命系统以外,还有更多的科学家试图给"智能"一个答案。比如

---

[*]　武楷博、于瀛、梅永丰,复旦大学材料科学系。

计算机科学家模仿人脑的功能,发明了电脑,给我们的工作和生活带来了极大的方便。在此基础上,机器人的出现又为"智能"的发展迈出了新的一步,比如,美国的"好奇号"火星探测车,中国的"玉兔号"系列探测车。然而人类对智能未来的偏爱并没有消减,于是,当AlphaGo代表的机器智能战胜人类围棋顶尖高手时,全世界终于进入了对于人工智能的讨论热潮。

材料科学家可以描绘出怎样的智能未来呢?著名科幻电影系列《终结者》中的液态金属机器人"T1000"想必大家并不陌生,它时而坚不可摧,时而柔软似水的神奇特性曾给我们留下了深刻的印象。其实,这样的液态金属材料正逐步成为现实。不仅如此,世界各地的材料科学家们还在研究着各种各样新奇的"智能材料"(图1),从材料的角度重新定义了"智能"——例如可以自动修复飞机机翼材料的自愈合材料,或者是可以跟踪并杀死癌细胞的纳米材料机器人,以及由智能纺织材料织成的可以随时随刻感知人体生理特征的智能纺织衣等。"智能材料"在未来世界里有着广阔的想象空间,并逐渐地成为现实。

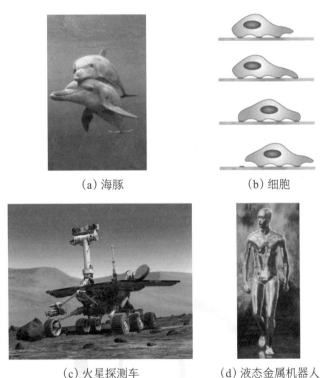

(a) 海豚   (b) 细胞

(c) 火星探测车   (d) 液态金属机器人

图1 各类"智能"系统

年轻的"智能材料"

智能材料概念出现的时间不长,20世纪80年代末期,美国的C. Rogers教授、R. E. Newnhain教授以及日本的高木俊宜教授等学者首先将"智能"这一概念引入材料领域。这一构想来源于仿生的思想,也就是说期望材料能够像生命系统一样,具有感知、驱动和控制三方面的功能。在之后的日本航空电子技术审议会上,"智能材料"(smart material)被正式定义为可以感知内外部环境刺激,自动、及时且适当地调整其结构与功能以做出响应的材料。

其实,很大程度上这与一种可以"自愈合"的智能材料相关。下面我们简单介绍一下这种典型的智能材料,如图2所示。大家都知道,飞机作为现代社会一种重要的交通工具,其安全性是重中之重,飞机的任何部件都要保证绝对的稳定有效,哪怕是机翼上有极其微小的裂痕也是不允许的,一旦出现问题,一架造价昂贵的飞机就报废了。有没有什么办法能够减少这种浪费呢?富有想象力的材料科学家们联想到人类皮肤的自修复功能,于是仿制出同样具有自愈合功能的液体材料,让其流入裂缝中并加入催化剂,液体便会固化并像拥有魔法一般能修复裂缝。想想看,一旦这种智能材料成熟以后用在机翼修复中,那将会解决多么重要且难以用传统方法解决的问题呀!

(a) 机翼　　　　(b) 自愈合聚合物材料示意图　　(c) 皮肤伤口自愈合

图2　智能材料

除了自愈合材料外,智能材料还包含着非常丰富的类型,比如热致变色材料、形状记忆合金、磁致伸缩材料等。材料科学家们正致力于将广泛的环境刺激源,比如温度变化、湿度变化、光照等与材料的智能响应的能力结合起来。在此发展过程中,二氧化钒作为一种新兴的智能材料,逐渐受到大家的广泛关注,并悄悄地引领深刻的变革。下面我们就从钒元素出发,为大家详细介绍本文的主角二氧化钒材料。

智能材料明日之星：二氧化钒材料

1．变色元素：钒

钒是化学元素周期表中的第23号元素，元素符号为V，最早是由瑞典科学家塞夫斯托姆（N. G. Sefstrom）博士于1831年在研究当地铁矿石的时候发现的。由于这种新元素的化合物颜色众多，于是他就用北欧神话中女神凡娜迪丝（Vanadis）的名字给它起名为"Vanadium"。钒是一种银白色金属，熔点较高，在自然界中不存在游离态，大多以分散状态存在于岩石中，虽然含量相对较低，但分布广泛，储量可观，目前主要应用于钢铁、玻璃等行业，例如钒钢便凭借其"刚韧并济"的性能在工业中大受宠爱。

钒常见的化合价有+5价、+4价、+3价和+2价等，其盐类和氧化物的种类繁多，颜色也五彩斑斓。四价钒盐呈浅蓝色，三价钒盐呈绿色，二价钒盐常呈紫色，又如其氧化物中，五氧化二钒（V_2O_5）呈红色，二氧化钒（VO_2）呈深蓝色等。这些五彩缤纷的钒化合物，可被制成颜色艳丽的颜料，加入玻璃中制成彩色玻璃。而被称作"化学面包"的五氧化二钒，则已成为化学工业中绝佳的催化剂之一。总而言之，钒这种元素对于现代生产生活来说真的是非常重要。

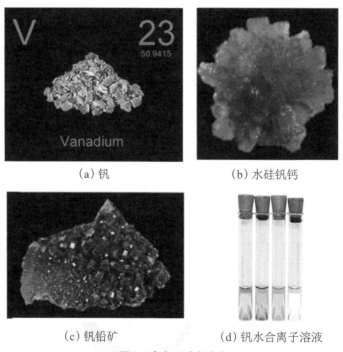

(a) 钒　　　　　　　　　(b) 水硅钒钙

(c) 钒铅矿　　　　　　　(d) 钒水合离子溶液

图3　变色元素钒(V)

2. VO_2 的智能"变身"特性

VO_2 作为钒元素众多化合物中看似平凡的一员,它有哪些不一样的故事呢？早在1959年,F. J. Morin在贝尔实验室首次观察到 VO_2 有一种神奇的"变身"属性——我们称之为相变特性。他发现 VO_2 在被加热的过程中,随着温度的升高,在某一温度范围内会从一种固体状态突然转变为另一种电学、光学和力学等物理性质完全不同的固体状态,也就是所谓的"相变"。在低温时,VO_2 是一种绝缘体,具有不导电的性质,能够同时透过可见光和红外线;然而在超过临界温度时,VO_2 会瞬间"变身"为导体,可以导电,而且此时可以阻挡红外线,并且还会发生一定程度的体积膨胀变化。这种"变身"属性简直就像汽车人变形金刚一样,一旦"警觉"到温度的变化,便会切换"防御"与"攻击"状态,十分神奇。

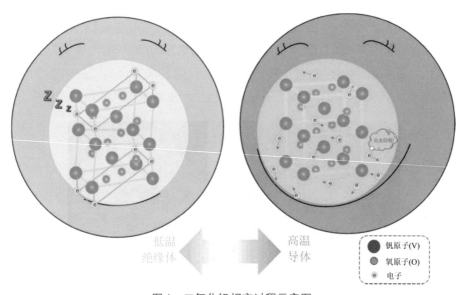

图4 二氧化钒相变过程示意图

智能材料的核心之一就在于能够对外界环境的刺激或激励做出响应,改变自身的结构和物理化学性质,并且这个过程还是可逆的。作为智能材料明日之星的二氧化钒,所拥有的奇妙相变特性可不仅限于对于温度变化的响应。随着研究的深入,科研人员发现二氧化钒可以在光、热、电、应力、磁等多种刺激条件下"变身",这一特性使得二氧化钒具备了丰富的多场景的可"感知"功能。除了电阻上发生的几个数量级的突变之外,伴随"变身"

的过程,各类光学、热学、力学、磁学性质也会发生急剧的变化,例如红外光透射率、折射率、热导率、应力状态、磁化率等。因此也可以说基于二氧化钒的智能材料具备着丰富的可"执行"功能,可以切换多种"武器"进行"作战"。由于有着广泛的激励源以及丰富的物理化学性质突变,二氧化钒材料在电子、军事以及日常生活等众多领域都具有巨大的应用潜力。下面我们就来介绍几类二氧化钒材料的"智能"应用。

大显神通的二氧化钒

1. 冬暖夏凉:智能变色节能窗

自1985年"智能窗"(smart window)这一概念被提出以来,研究人员便希望通过窗户材料、结构等的设计,对室内温度进行有效管理,并由此减小能耗。实际上据统计,就全球平均而言,人类建筑能耗约占社会总能耗的40%,贡献了约30%的温室气体排放量,因此建筑节能受到广泛关注。而窗户节能是建筑节能的关键环节,通过调节进入室内的太阳光能,即在冬季增加室内太阳光照射,夏季减少室内太阳光照射,便可有效地减少制冷、取暖等空调系统能耗,达到智能控温与节能的目的。

我们知道,进入室内的主要热量来源之一是太阳光,而太阳光辐射的能量中,有大约50%来自可见光区,也就是大家熟悉的由红、橙、黄、绿、蓝、靛、紫各个单色光所组成的白光,这部分可见光保证了室内的正常采光需求,因而并不是能耗控制的对象。除此之外,还有约43%的太阳辐射能来自红外线,以及占辐射能总量约7%的紫外线。所以不难看出,对于室外光线进入室内的辐射能控制主要集中于太阳光中的红外线部分。

在发展出的各式各样的节能窗技术中,热致变色智能窗由于可以响应环境的温度自动调节室外太阳光中红外线的透过或反射情况,而不需要额外接通电源,成为一类十分有前景的技术。我们前面介绍过,二氧化钒可以智能地响应温度的变化,通过"变身"属性来自主决定是否允许红外线透过,是热致变色材料中最有潜力的一类。因此,二氧化钒的这种特性能够帮助我们实现在冬天室内温度相对较低时自动智能调节室外的高热量透射进入室内,使室内温度升高至适宜温度;而在夏天室内温度偏高时又可以智能地降低室外红外线的透过量,阻挡过多的热量进入室内,从而达到智能控温的目的(图5)。并且这一方式还可以节省空调的制冷和制暖耗能,可谓一举两得啊!无论是冬夏还是昼夜的更替,都可以智能地实现全天候调温,这样奇妙舒适的房间谁不想住一住呢?

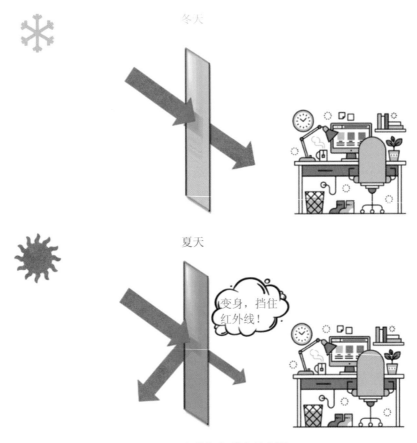

图5　二氧化钒智能窗示意图

　　不过,智能窗的发展也不是那样理想化,依然存在着一些技术瓶颈,从实验室研发到产业化生产还需要克服一些困难。首先是关于临界温度,我们知道二氧化钒进行"变身"的临界温度在68 ℃附近,这对于现实应用来说显然有些困难,必须将这一温控开关温度降低到室温的水平。针对这一问题,材料科学家们通过在二氧化钒中适当掺入钨(W)、钼(Mo)、钛(Ti)、氟(F)等元素(称为"掺杂")进行一定的解决,目前已经可以通过这种方法使得临界温度降低至25~32 ℃。其次,为了保证室内的正常采光,对于可见光的透过率一定要有保证,研究人员发现,通过结构工程对材料在微纳米尺度

（10^{-9}~10^{-6} m）设计不同的微结构,可以提升可见光的透过率,常见的设计有多孔结构、纳米复合结构、仿生结构、格栅结构和多层结构等(图6)。尽管如此,在智能窗研发的过程中,这些重要参数之间也存在着相互制约的关系,比如掺杂虽然可以降低临界温度,但是会同时降低可见光透过率。因此,如何寻找更适合的掺杂元素、如何有效地进行复合掺杂、设计怎样的新型微纳结构、甚至寻找其他新的思路来平衡不同的参数等,都是研究人员需要继续解决的问题。可见在科学技术领域,把一个"金点子"实用化是多么的不容易!但我们依然坚信在不远的将来,一个既智能节能、符合大众审美,又性能稳定的智能窗一定会出现在日常的生活中。

纳米复合结构

多孔薄膜结构

格栅薄膜结构

仿生设计结构

多层涂层结构

图6　二氧化钒智能窗薄膜材料的不同微纳结构设计

2. 以守为攻:二氧化钒助力智能作战

除了在民用的日常生活领域外,二氧化钒的智能相变特性同样也可以在军事领域发挥巨大作用。下面,我们就来介绍一下二氧化钒在两类军事领域的奇妙用途。

智能激光防护。漫威电影里美国队长的盾牌十分著名,其很重要的一个功能便是可以阻挡一切迎面而来的枪炮子弹和激光,还可以吸收能量,甚至还可以反弹。这样的武器当然现实当中还不存在,不过在现代军事领域当中,"激光防护"这样的概念却也不算是新名词了。随着激光技术变得越来越成熟和先进,由高强度激光制成的激光致盲武器已经在许多发达国家研制成功并且装备部队,比如装备机载、车载或手持激光致盲武器等,这些都可以使得1 km之外的人眼或光探测器瞬间致盲。因此,寻找到合适的用于激光防护领域的新材料,保护作战人员及军用装备,有效对抗激光致盲的攻击便是一个很现实的需要。

二氧化钒材料可以响应光的变化进行"变身"。若将二氧化钒薄膜用于红外制导的导弹探测器的激光防护器件当中,在未"变身"时,目标的红外辐射光可以透过二氧化钒薄膜到达探测器,使得导弹制导可以正常工作;一旦遭到敌方的红外强激光试图致盲我方的红外探测器,二氧化钒便可以在10^{-9} s内立即做出响应——"变身",红外光透过率瞬间降低,从而可以有效地起到智能激光防护的作用,有效保护军事装备的安全。

图7 可以瞬时响应反射强激光的智能盾牌(概念示意图)

智能红外隐身。一切人和物其实都是一个个热辐射源,每时每刻都在向外辐射热量,在常温环境下主要是辐射不可见的红外光。因此在军事作战当中,如何能够像变色龙一样具有对可见光的伪装能力,使热目标能够有机地融到环境当中,避免被敌对方的热红外探测系统探测到,便是热隐身技术所要面临的挑战。由于热成像仪只能探测并可视化目标的热辐射情况,往往并不能直接反映这些目标的真实温度,因此最古老的"隐身"办法,就是通过直接制冷的方式,将温度较高的目标物隐藏于温度相对较低的环境背景中。但是大家仔细一想便会发现,这并不是一个有效的方法,原因就在于制冷设备本身所产生的热量同样会增加目标物的暴露概率。于是,大家便十分渴望能够找到更加智能的解决方案。研究人员关注到了二氧化钒这种神奇的材料,开发出了基于二氧化钒、石墨烯以及碳纳米管薄膜材料相结合的复合薄膜材料,通过简单的电流加热方式,当达到一定温度时,二氧化钒材料由于受到温度变化的刺激,便可以智能地变换形态,将热辐射迅速降低,从而达到主动热隐身的目的;并且这种材料还具有很好的力学柔性特点,可以适应多种不规则结构目标,是不是像极了哈利·波特的隐身斗篷呢!

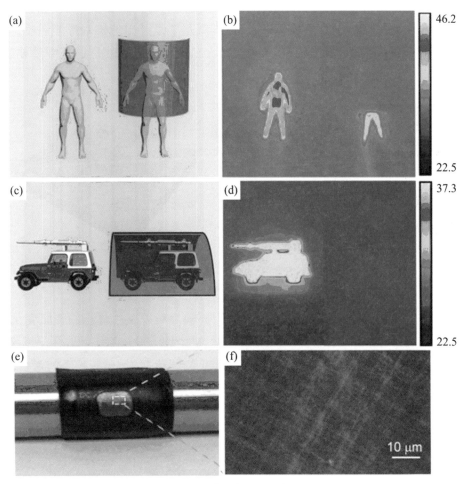

图8　红外隐身原理及应用

(a)~(d)红外隐身示意图;(e)~(f)二氧化钒智能红外隐身薄膜

3．师法自然:智能驱动与仿生手掌

大自然这部百科全书,从来都是人类思考问题、发明创造的智慧源泉。在漫长的自然演化过程中,无数美妙绝伦的自然景观、生物与生态奇迹被创造了出来。在中国云南、贵州一带的偏远山区中,生长着一种名为"跳舞草"的植物:在风和日丽的晴天,这种跳舞草的两片侧叶会来回不停地摆动,时

而张开,时而闭拢,时而转动,翩翩起舞,妙不可言;每当日落西山之后,叶子便会垂落下去,静静睡去。研究表明,这种叶子舞动的奥秘与太阳光线、温度的变化密不可分。如何将这种自然现象运用到微型的智能机器人的设计当中呢?从材料科学家的视角来看,首先就是要设计出能够对环境温度、光线变化产生形变和驱动响应的智能材料,二氧化钒材料就是这其中重要的候选者之一。

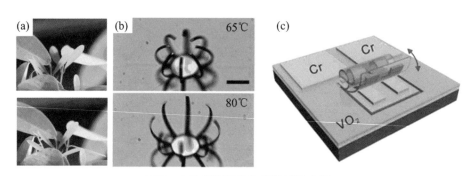

图9 由跳舞草启发的智能材料应用

(a)跳舞草;(b)微型"智能"仿生手掌;(c)温度自反馈智能驱动器

前面我们曾介绍过,二氧化钒在"变身"前后可以发生体积的膨胀变化,从微观上看,这是源于它自身的结构变化,打个比方,在演唱会现场,人们站在原地时并不会感觉特别拥挤,我们把静止的现场称为一种"状态",当台上的广播通知演唱会结束,请大家有序离场时,现场突然变成了另一种"状态",在人海中的你一定会或多或少感受到一种被潮水裹挟和推来推去的力,这种力从宏观上也会体现在人群轮廓的变化上。于是,有研究人员充分利用二氧化钒材料相变前后的形变特点,并运用仿生的思想,设计出了微型智能仿生手掌和具有温度自反馈功能的智能驱动器。它们都具有微米级的尺寸,能够响应温度的变化,产生形状的智能响应,成功实现"张"与"合"。而这种功能正是未来微型的智能机器人所需要具备的功能之一,在靶向药物递送、温度传感等领域具有广阔的应用潜力。

智能未来 材料先行

随着5G时代的来临,智慧城市、智慧行业、智慧生活等新型业态逐步发展起来。在万物互联的时代愿景背后,除了有人工智能、物联网等信息技术的蓬勃发展外,也少不了新材料的基础支持,智能材料当然是这时代浪潮中的弄潮儿。当然,我们既看到了诸如智能窗等十分接近产业化的发展应用,也同样意识到想要把智能驱动与仿生手掌的新颖概念拓展到微纳机器人等复杂的系统应用体系中还有相当漫长的研发之路要走。相信经过不懈的努力,智能材料一定会给予我们更多的惊喜,让奇迹变为现实。

参 考 文 献

[1]　Cui Y, Ke Y, Liu C, et al. Thermochromic VO_2 for Energy-Efficient Smart Windows[J]. Joule, 2018, 2(9): 1707-1746.

[2]　Xiao L, Ma H, Liu J, et al. Fast Adaptive Thermal Camouflage Based on Flexible VO_2/Graphene/CNT Thin Films[J].Nano Letters,2015, 15(12):8365-8370.

[3]　Tian Z,Xu B, Hsu B, et al. Reconfigurable Vanadium Dioxide Nanomembranes and Microtubes with Controllable Phase Transition Temperatures[J]. Nano Letters, 2018,18(5):3017-3023.

[4]　Moghimi M J, Lin G, Jiang H. Broadband and Ultrathin Infrared Stealth Sheets[J]. Advanced Engineering Materials, 2018, 20(11): 1800038.

[5]　Liu K, Cheng C, Cheng Z,et al. Giant-Amplitude,High-Work Density Microactuators with Phase Transition Activated Nanolayer Bimorphs[J]. Nano Letters, 2012, 12(12): 6302-6308.

磁性半导体

——操控电与磁的神奇材料

陈　娜　姚可夫*

神奇的电与磁

暴风雨来临前的夏夜,天空中可能会突然电闪雷鸣。闪电是由累积了正负电荷的雷雨云在彼此靠近时产生的一种强烈放电现象。据说美国科学家富兰克林还曾冒着生命危险,用放风筝的方式把闪电引到地面,并由此发明了避雷针(图1(a))。100多年后,塞尔维亚裔美籍科学家特斯拉发明了特斯拉线圈,可产生上百万伏的高压电。利用这种高压电在终端放电能够制造出"人工闪电"(图1(b))。地球上许多生物,比如鸟类或鱼类会通过地磁场进行定位和导航,顺利完成每年季节性的迁徙活动。其实人类很早以前就开始通过大自然认识并利用一些电和磁的神奇现象。大约4700年前就已有关于电鱼的文字记载,后来古罗马医生甚至建议患有痛风或头疼的患者触摸电鱼,认为这种电击有助于缓解病人疼痛并获得康复。这和现代医学中通过电击复苏心脏的治疗方式非常相似,电击已成为拯救心脏骤停病人的重要手段。我国是世界上最早发现磁现象并加以利用的国家,在距今约2400年前的春秋战国时期就已有磁相关的文字记载。《管子》一书中用"上有慈石者,其下有铜金"的文字描述了磁石吸铁的现象。

---

*　陈娜、姚可夫,清华大学材料学院。

(a)   (b)

图1   自然界闪电[1]和"人造闪电"

最初人们认为电与磁是相互独立、完全无关的物理现象。直到1820年,丹麦物理学家奥斯特意外地发现,当电流通过导线的一瞬间,导线旁边的小磁针会受到磁力的作用发生偏转。这种电流导通引发磁效应的实验现象启发了法国物理学家安培。他通过进一步的实验验证和理论解析,提出了著名的安培分子电流假说。安培认为在物体内部存在很多带有环形电流的微粒,每个微粒相当于一个小磁体。当这些小磁体取向一致时,物体就表现出宏观磁性(图2)。

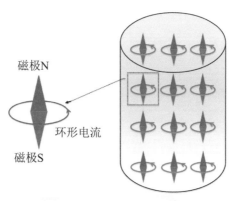

磁极N

环形电流

磁极S

图2   安培分子电流假说示意图

随着对物质微观结构认知的不断深入,我们知道分子是保持物质化学性质的最小粒子,而分子由原子构成。原子由正电的原子核和带负电的电子组成,这些电子像陀螺一样,一边高速绕着原子核运动,一边进行自旋的内禀运动。安培提出的分子电流就是由电子的运动产生的。电子的定向运动可以形成电流。正是使用对电子运动阻碍较小的金属导体将电流或电能送到千家万户,使我们在家里可以使用电灯、电视、空调、冰箱、洗衣机等电器产品。但强的电流通过人体时会使器官受损,因此家用金属导线的表面都包覆了一层不让电流通过的塑料绝缘材料。无论是电还是磁,究其根本都是由电子的运动产生的。但是,电学性能主要关注电子的电荷,而磁学性能则关注的是电子的自旋特性。

调控电荷的"魔术师"——半导体

一个电子具有1.6×10^{19} C 的电荷量,而电子的定向运动可以形成电流。能够让电流通过的物质被称为导体或半导体,它们的导电性能主要取决于其内部可以自由移动的带电粒子的数量。这些自由移动的带电粒子可以是电子,也可以是电子脱离束缚离开原有位置后形成的电子缺位,即空穴。电子带负电荷(阴性),空穴带正电荷(阳性),电子和空穴统称为载流子。当半导体中多数载流子为电子时,材料的导电行为由电子主导,该半导体被称为 N 型半导体。当多数载流子为空穴时,该半导体被称为 P 型半导体。P 型和 N 型半导体接触时会在两者交界处形成一个空间电荷过渡区,被称为 P-N 结。P-N 结就像一个控制电流的"龙头",具有单向导通的电开关整流特性,是电子技术中许多器件的基本组成单元。半导体通过掺入杂质元素的方

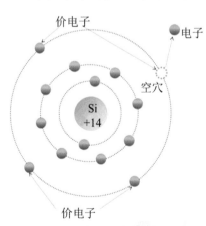

图3 硅的原子结构示意图

式,可以控制载流子的电荷类型和数量的多少,这是半导体最为神奇的"变身戏法"。像魔术师在舞台上不停转换助演性别一样,同一种半导体既可以是电子导电的"阴性",也可以是空穴导电的"阳性",甚至可以是"阴阳同体"的中性本征态。比如半导体硅,在未掺杂时为本征硅,电子和空穴载流子的数量相同,但数量很少(图3),所以本征硅的导电性比掺杂后的 N 型或 P 型硅都要差很多。以硅为代表的半导体成为了第

三次工业革命——计算机及信息技术革命的关键材料。

半导体硅可以说是"点石成金"的典范[2]。当你站在海边松软的沙滩上时,你可能很难想到你脚下的沙粒和我们现代化生活中不可或缺的电器有着十分密切的关系。这是因为沙粒和地壳岩石的主要化学成分都是二氧化硅。早在10000年前,古人类就开始使用天然二氧化硅矿石——黑曜石作为狩猎工具。在全球畅销书《冰与火之歌》中,黑曜石又名"龙晶"石,被用作击杀异鬼的辟邪之物。把二氧化硅矿石和焦炭一起冶炼,可以获得纯度达到98%的工业硅,进一步精炼提纯后可获得纯度高达99.999999999%的电子硅材。这种半导体硅被用来制备硅基芯片应用于各种电子产品中(图4[3]),成为人类进入信息社会的重要基石。

硅晶圆

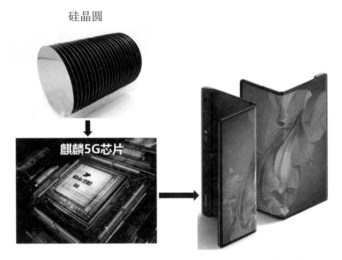

图4　硅晶圆可用于制备高端手机的核心部件——集成芯片

让载流子化身为"冰上舞者"的"魔杖"——磁性材料

原子内部电子在特定轨道上围绕原子核高速旋转,类似于形成一个环形电流,产生轨道磁矩。而电子自身会像地球自转一样,也在快速地自旋,产生自旋磁矩。典型的铁磁性元素为过渡金属Fe、Co、Ni,在元素周期表中处在同一周期的相邻位置。这些金属原子的次外层3d轨道电子填充未满,存在未被抵消的净磁矩,因而表现出宏观磁性。由磁性材料制成磁性单元,像无形中有一根"魔杖"操控着磁性单元的电子自旋,对其磁化方向进行控制,可以用于计算机以二进制(1或0)序列的方式存储数据(图5)。目前磁性材料已广泛应用于计算机的硬盘中,实现高密度、非易失数据的存储。此外,磁性材料还是电力、通信、国防等工业领域的关键支撑材料。

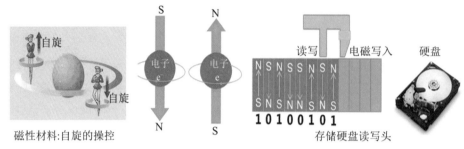

图5 电子的自旋式"冰上舞蹈"*和操控磁性单元电子自旋的方向进行数据存储的示意图

"神通广大"的磁性半导体

计算机已经成为我们学习、工作必不可少的工具。计算机最重要的功能就是对信息数据的处理、传输和存储。这些功能主要由微处理器芯片和硬盘分别执行,其中芯片主要应用半导体材料进行数据的逻辑运算,硬盘则应用磁性材料进行数据的存储。这两部分通常独立存在,分别执行各自的功能,但两者之间需要进行数据的相互快速传输,这就要求携带数字信息的载流子变身为"短跑运动员",不断在两者之间进行"往返跑"。信息响应的速度取决于两者之间距离的长短。另一方面,磁性存储依赖于外磁场,产生磁场的螺线圈是硬盘体积大和能耗大的主要原因。分别利用半导体对电荷的操控和磁性材料对自旋的操控显然已难满足现代信息技术对电子产品持续小型化、低能耗和高性能的需求。因此,科学家们希望能研发出一种可以把半导体和磁性材料的功能特性集于一身的新材料,即兼具磁性和半导体特性的磁性半导体,以构建可同时操控载流子的电荷和自旋的电子器件,实现电开关和磁开关的双重功能。利用这些功能可以在一个器件中进行数据的处理、传输和存储,为现代信息技术领域提供了一种全新的导电方式和器件概念(图6)。

---

* 图中电子的自旋"冰上舞蹈"图片来自宫崎照宣Spintronics 1995日刊工业新闻社。

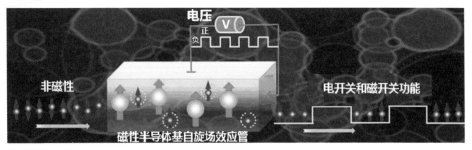

图6 具备电开关和磁开关功能的磁性半导体基自旋场效应管工作示意图

其实这种梦幻般的材料的相关研究可以追溯到20世纪60年代。以铕或铬的硫族化合物为主的浓缩磁性半导体是第一代磁性半导体。硫族化合物中磁性元素含量较高,均匀分布在晶体结构的晶格点阵上(图7)。该类材料制备困难,居里温度(即升温时从强磁性的铁磁材料转变为自发磁化强度为零的顺磁材料的转变温度)远低于室温,很难获得室温应用。第二代磁性半导体,即稀磁半导体的概念从20世纪80年代开始被引入,主要通过在传统非磁性半导体中添加过渡族磁性金属元素获得(图7),特别是在Ⅲ-Ⅴ族半导体砷化铟(InAs)和砷化镓(GaAs)中掺入少量锰制备出的(In,Mn)As和(Ga,Mn)As稀磁半导体,直接带动了半导体自旋电子学的发展[4]。这些Ⅲ-Ⅴ族稀磁半导体易与常规半导体匹配,和半导体制备工艺兼容。但是,(In,Mn)As和(Ga,Mn)As稀磁半导体的居里温度仍远低于室温,也难以获得室温应用。为此,《科学》杂志在2005年提出的21世纪前沿研究的125个世界前沿科学问题之一是:有没有可能创造出室温工作的磁性半导体[5]。

近年来,对于磁性半导体的研究一方面仍放在提高Ⅲ-Ⅴ族稀磁半导体的居里温度,另一方面则转向新型高居里温度磁性半导体的研制开发。固体材料的原子堆垛结构有晶态、非晶态和准晶态三类。晶态结构中原子在三维空间占据确定的位置,呈现长程周期性规则排列;非晶态结构中原子在三维空间随机无规则堆垛,表现为长程无序排列;准晶态结构介于晶态和非晶态结构之间。以前,研究人员一直想办法在晶态半导体材料中掺入磁性元素来获得磁性半导体。最近,清华大学研究人员另辟蹊径,采用逆向思维的方式在具有室温磁性的非晶态金属中原位引入诱发半导电性的非金属元素(图7),把高居里温度的磁性金属成功转变为非晶态磁性半导体[6,7],其居里温度高达320 ℃以上。基于该P型磁性半导体与N型硅集成制备了室温

P-N结,表明该材料有望和现有硅基半导体工业兼容。目前,这类新型磁性半导体的相关研究还在不断地深入和向前推进,期待其在未来电子产品中发挥举足轻重的作用。

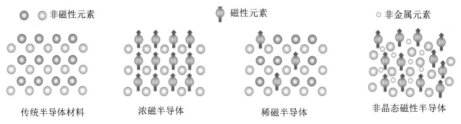

图7 传统半导体、浓磁半导体、稀磁半导体和非晶态磁性半导体原子结构的示意图

展　望

21世纪是信息爆炸的时代,电视、计算机和手机等电子产品的普及不仅让我们的物质生活变得舒适便利、丰富多彩,还极大程度地拓展了我们获取知识的途径。这些都要归功于现代信息技术的不断发展,即通过对声音、图像、文字、数字等信息的加工处理、传输和储存,实现对信息的获取、传播和使用。磁性半导体作为一种集电、磁、光多功能特性于一身,是"身兼数职"的"多面手"材料,有望成为一匹"黑马"在现代信息技术领域发挥重要作用。

就像在欢快的华尔兹乐曲中不停旋转的舞者,磁性半导体中的电子也像一个"舞蹈精灵",围绕着原子核跳着属于自己的"华尔兹",通过不停地旋转演绎出许多令人新奇的物理现象。当我们尝试着去探索这些新材料蕴含着的丰富物理现象时,展现在我们面前的是一个充满着未知和神秘的新世界。如果我们涉足这片还保留着众多尚未被开垦的领域,我们就像纯真的孩子发现了一个魔术师的神奇手袋,当我们充满好奇心地把手伸进布袋里时,希望每次探索到的都是令人惊喜的新发现。欢迎充满想象力的青少年朋友加入磁性半导体材料的研究,一起揭示其神奇的特性,促进其应用。

参 考 文 献

[1]　https://www.sohu.com/a/240070429_99945587?spm=smpc.author.fd-d.280.1583993956395 DLCv8CK.

[2] 张相轮.硅片的奥秘[M].南昌:江西科学技术出版社,2000.

[3] https://www.vmall.com/product/10086108539274.html.

[4] Ohno H. Making Nonmagnetic Semiconductors Ferromagnetic[J].Science,1998,281(5379): 951-956.

[5] Kennedy D. What Don't We Know?[J]. Science, 2005, 309(5731):75-75.

[6] Liu W J, Zhang H X, Shi J,et al.A Room-temperature Magnetic Semiconductor from a Ferromagnetic Metallic Glass[J]. Nat. Commu.,2016(7): 13497.

[7] 陈娜,张盈祺,姚可夫.源于非晶合金的透明磁性半导体[J].物理学报,2017(17):186-195.

量 子 点

——色彩缤纷的纳米世界

王虹智　张加涛*

量子点其实不是"点"

量子点(quantum dot)是一种准零维的纳米材料,由少量的原子所构成。简单地说,量子点三个维度的尺寸都在 100 nm 以下,长的特别像一个非常非常小的点状物。量子点内部的电子在各方向上的运动都受到限制,所以量子点的量子局限效应特别明显。由于量子局限效应会导致量子点的电子能级结构与单个原子类似,是一种不连续的结构,因此量子点又被称为"人造原子"。1981 年,苏联固态物理学家 A. I. Ekimov 在玻璃基体中发现量子点;1985 年美国化学学家 L. E. Brus 教授(哥伦比亚大学)在胶体中发现量子点。

那么量子点是不是点呢? 其实并不真的是点。丹麦科技大学和哥本哈根大学的科学家们共同研究发现了这一重要现象:量子点并不是点,这与科学家们以前的认识不同,这一发现让科学界非常吃惊。以前,科学家认为,量子点是三个维度的尺寸都在 100 nm 以下,外观恰似一很小的点状物。但当前科学家发现,量子点不能被描述成光线的点源。那么,你们知道这个实验室是怎么做的吗? 其实非常简单,科学家在实验中将量子点放置在一面金属镜子附近,并记录了量子点发射出来的光子的情况。结果是:在实验过程中,不管是否上下翻转,光线的点源(光子)都应该拥有同样的性质,科学家们认为量子点也会出现这种情况。但结果表明,情况并非如此,科学家们发现,量子点的方位不同,其发射出的光子的个数也不同。因此,科学家们

---

* 王虹智、张加涛,北京理工大学材料学院。

得出了一个令人吃惊的结论:量子点不是点。

量子点其实是一个非常庞大的家族,按照不同的分类方式可以有不同的分类方法:按其长的样子不同,可分为箱形量子点、球形量子点(图1*)、四面体量子点、柱形量子点、立方量子点、盘形量子点和外场(电场和磁场)诱导量子点;按其材料组成,量子点又可分为元素半导体量子点、化合物半导体量子点和异质结量子点。

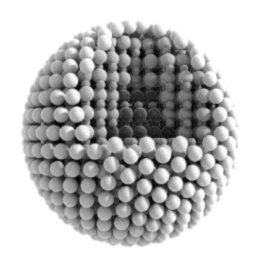

图1　球形量子点结构图

胶体中的量子点是怎么做出来的呢?

胶体量子点通常采用高温热分解有机金属前驱体的方法合成。简单来讲,就是将阴离子前驱体快速注入含有阳离子前驱体的高温反应溶液中,因此也被称为高温热注入法。这个合成方法的反应机理就是反应前驱体浓度瞬间过饱和、超过成核的临界点,然后迅速获得单分散的晶核,将量子点的成核过程和生长过程分开,实现了量子点的快速成核和缓慢生长。

高温热注入法合成核壳结构量子点可以通过图2所示的装置制备,采用两步法来实现。第一步合成裸核量子点,随后在室温下经过有机溶剂反复萃取、再通过高速离心去掉反应溶剂和副产物来纯化量子点,纯化时还可以通过选择不同的离心速度来去掉大尺寸和小尺寸的裸核量子点,最后留

---

* 　图片来源:第十八届高交会睿泰涂布携量子点技术高峰论坛。

下中间尺寸、粒径较均一的裸核量子点;第二步,将裸核量子点重新分散在反应溶液中,包覆表面壳层。

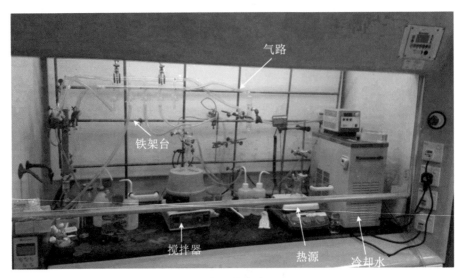

图2　量子点合成装置

有机荧光染料的荧光寿命一般仅为几纳秒,而具有直接带隙的量子点的荧光寿命可持续数十纳秒,具有准直接带隙的量子点,如硅量子点的荧光寿命则可持续超过100 μs。这样在光激发情况下,大多数的自发荧光已经衰变,而量子点的荧光仍然存在,此时即可得到无背景干扰的荧光信号。

量子点的奇妙特性

色彩缤纷。量子点发射出来的光的颜色可以通过改变量子点的尺寸大小来控制。通过改变量子点的尺寸和它的化学组成可以使其发射光谱覆盖整个可见光区。以碲化镉量子点为例,当它的尺寸从2.5 nm生长到4.0 nm时,它们的发射波长可以从510 nm红移到660 nm。所以量子点可以发射出五颜六色的光,如图3*所示,是不是很漂亮啊?

不累的眼睛。量子点具有很好的光稳定性。量子点的荧光强度比最常用的有机荧光材料"罗丹明6G"高20倍,它的稳定性更是"罗丹明6G"的100倍以上。因此,量子点可以对标记的物体进行长时间的观察。

---

*　图片引自:电视常识大讲堂《什么是量子点》。

一源多用。使用同一激发光源就可实现对不同粒径的量子点进行同步检测,因而可用于多色标记,极大地促进了在荧光标记中的应用。而传统的有机荧光染料的激发光波长范围较窄,不同荧光染料通常需要多种波长的激发光来激发,这给科学家的研究工作带来了很多不便。此外,量子点具有窄而对称的荧光发射峰,因此多种量子点同时使用时不容易出现光谱交叠。

图3　量子点的荧光照片

降低生物细胞毒性。量子点可以进行生物功能基团的特异性连接,降低其细胞毒性,对生物体危害小,可进行生物活体标记和检测。对于含镉或铅等有毒组分的量子点,可以对其表面进行包裹处理后再开展生物应用;当然可以直接通过生物环境,制备不含镉或者铅元素且在生物体中不产生毒性的化合物半导体量子点或者元素量子点。

总而言之,量子点具有激发光谱宽且连续分布,颜色可调,光化学稳定性高,荧光寿命长等优越的荧光特性,是一种非常理想的生物荧光探针材料。

量子点的应用

太阳能的好帮手。随着社会发展,能源需求日益增加,如何解决能源危机已经成为当前科学家最为关注的热点问题。相对于其他能源来说,太阳能是一种蕴藏量巨大、可再生和环保无污染的能源。因此,如何有效地开发太阳能电池是目前在能源利用方面十分重大的课题。量子点太阳能电池的优点是显而易见的,一是量子点拥有较高的载流子迁移率,可以大幅度增加光电转化效率;二是带隙可调节,这不仅可以使激发光谱覆盖太阳光谱,增加光能利用率,还可让量子点在特定环境中工作。

量子点太阳能电池是第三代太阳能电池,也是目前最尖端、最新的太阳能电池技术。它主要通过两个效应来大幅度增加光电转换效率:第一个效应是来自具有充足能量的单光子激发产生多激子;第二个效应是在带隙里形成中间带,可以有多个带隙起作用,来产生电子空穴对。此外,它还可通过其他效应,减缓热电子–空穴对的冷却,提高电荷载流子之间的俄歇复合过程和库仑耦合,并且通过对于载流子进行三维限制,使跃迁过程不必满足动量守恒,从而提高转换效率。

最优秀的发光材料。量子点被誉为"人类有史以来发现的最优秀的发光材料",因此,在显示领域最重要的应用就是量子点电视(图4[*])。它与传统液晶电视的不同主要在于,采用了不同的背光源,从而带来性能上的诸多不同,比传统LED背光的传统液晶电视在画面质量与节能环保上更具优势,已成为业内液晶电视新的发展方向,如图4所示。

图4　TCL量子点电视

图5[**]是成像原理示意图。量子点电视的优势非常多,例如:全色域显示优势,窄频带连续光谱,色彩纯度高,95%接近于自然光,色彩还原能力强,显色性卓越,稳定性强,寿命长,不易老化,精准色彩控制,效率高,节能性强,造价成本更低等。说不定你们家的电视就是量子点电视哦!

---

*　图片引自:www.jiaoanw.com。

**　图片引自:www.modernart2008.cn。

生物医用显神通。量子点因具有足够的稳定性、良好的水溶性、不损伤细胞或生物体、足够强的荧光等特点，可作为荧光探针，成为生物分子检测的尖端技术，推动生物显像技术和生物制药技术的迅速发展，给疾病的诊断和治疗带来巨大进步。量子点在生物上的应用最为广泛，也最为成熟。与传统荧光材料相比，利用量子点具有宽吸收谱、窄荧光谱、高稳定性的特点，研究者不仅可以定量研究药物的疗效，还能够实时监测药物的作用机制。主要的应用有细胞成像和分子示踪两方面。与细胞标记相比，分子示踪对技术的要求更多。在实际临床上，研究者不仅可以检测细胞的动向，同时可以定向研究药物在病体中的起效趋势，具有实时分析的重要意义。

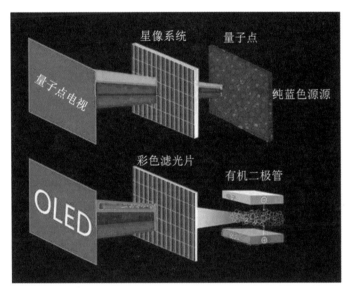

图5 量子点电视成像原理示意图

当然目前量子点的应用还不尽如人意，但是我们知道了量子点的种种优点和特性，就看到了量子点的未来和发展方向。量子点将有非常广阔的应用空间，大致可以分为三个阶段：第一阶段是取代传统的发光荧光粉；第二阶段是去掉彩色滤光片；第三阶段是正式成为发光层。未来的量子点技术必然会给显示器行业带来根本性的变化，甚至是革命，但这还有很长的一段路要走，让我们一起努力去实现！

细菌克星

——金属家庭的银和铜

曾荣昌　魏丽乔　邵　阳　崔蓝月[*]

　　微生物是与人类共存的伙伴,微生物中的细菌在生活中无处不在,在人体内,肠道和口腔中就有无数的细菌存在。有的细菌有益于人体,有的则危害人类健康。随着社会的不断进步,人们生活品质的明显提升,为了应对个人卫生及公共卫生的需求,能抵御有害细菌伤害的抗菌材料及其各种抗菌用品应运而生。

抗菌材料及其起源

　　抗菌材料是指自身具有抑制或杀灭微生物功能的一类新型功能材料。

　　人类最古老的抗菌材料,是在公元前使用焦柚、乳香、肉桂合成的,用于制作木乃伊。距今4000年前,古埃及用经过提炼的草药浸渍处理木乃伊裹尸布(图1),久历沧桑,依旧不霉不腐。[1]第一次世界大战中,丹麦科学家从毒气受害者伤口不易化脓这一现象得到启示,由此开始了杀菌剂的研究;1935年德国人采用季铵盐处理军服以防止伤口感染。从而揭开了现代抗菌材料研究和应用的序幕。

---

*　曾荣昌、邵阳、崔蓝月,山东科技大学材料科学与工程学院;魏丽乔,太原理工大学材料科学与工程学院。

图1 采用最古老的抗菌材料制作的木乃伊

现代抗菌材料主要指添加一定量的有效抗菌成分,使材料具有良好抗菌功能的材料。按照添加抗菌剂的种类,可以将其分为无机抗菌材料和有机抗菌材料。常见的金属系无机抗菌材料主要是指将具有抗菌功能的铜、银等金属元素添加到材料表面。这是因为金属离子杀灭和抑菌的活性有如下排列顺序[1]:

$$Ag^+>Hg^{2+}>Cu^{2+}>Cd^{2+}>Cr^{3+}>Ni^{2+}>Pb^{2+}>Co^{4+}>Zn^{2+}>Fe^{3+}$$

相对于标准氢电极(SHE),Ag/Ag^+具有很高的电极电位,达+0.799 V;而Cu/Cu^{2+}为+0.337 V;Cu/Cu^+为+0.521 V;Zn/Zn^{2+}则为-0.763 V。可见,Ag^+的反应活性最大。

有害细菌的克星之一:银离子

公元前300多年,希腊皇帝亚历山大带领军队东征时,受到热带痢疾感染,大多数士兵得病死亡,东征被迫终止。但是,皇帝和军官们却很少染疾。随着科学的发展,人们经过后来的研究才发现,这与他们使用的餐具有关,皇帝和军官们使用银器,而士兵们的餐具则是锡器。银器可以溶解出极少量的银离子,就是这少到可以忽略不计的银离子杀死了细菌。其实,锡器也具有一定抗菌性能,只是与银器相比差不少。例如,鲜花插在锡制花瓶中保鲜的时间会更长。

历史上用银杀菌的例子数不胜数。古代腓尼基人在航海的过程中为了保鲜,将酒、醋、淡水等液体盛放在银制器皿中。中国明朝时期,《本草纲目》

中就有"银屑,安五脏,定心神,止惊悸,除邪气,久服可轻身"的记载。中世纪的欧洲一直用银箔保护伤口,甚至第一次世界大战时还用银线缝合伤口,使受伤的士兵们不易感染细菌。[2]20世纪初,现代外科创始人之一Halstead积极推介银箔医疗器械。也有银离子在临床医学上应用的案例。[1]1893年,瑞士植物学家拉克林最早提出银离子可以杀菌。他发现微量的银离子(10^{-8} mol/L)就可以杀灭藻类中的细菌。[1]正因为银离子杀菌用量是所有金属离子中最低的,且无毒无色,其抗菌性应用非常广泛。20世纪70年代末80年代初,日本人就开始研究银系无机抗菌材料,将银化合物(如银沸石)加入树脂中,做成抗菌塑料。[1]添加了纳米银颗粒的抗菌管材(图2),由于其良好的抗菌能力,为食物的存储、液体输送提供了诸多便利,在国内外市场大受欢迎。

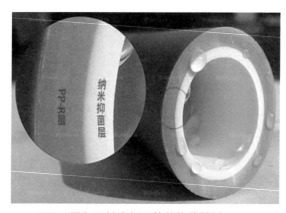

图2　添加了纳米银颗粒的抗菌管材

那么,细菌为什么"怕"银呢? 要想弄清楚这个问题,我们还得从银离子杀菌的原理说起。

图3描述了银的抗菌机理。[4]银对液体中的细菌有吸附作用,当细菌游离到"银"卫士面前时,银离子出击,破坏细菌的铠甲——细胞壁,"抵抗力"稍微逊色的细菌便一命呜呼了;对于部分生命力顽强的细菌,银离子则会继续深入,攻破细菌的细胞膜,细菌元气大伤相继死去。当然,也有一些"聪慧过人"的细菌不正面交锋,选择"菌"海战略,大量繁殖,靠数量碾压。此时,银离子便通过干扰细菌核酸的合成,抑制其脱氧核糖核酸(DNA)或者核糖核酸(RNA)的转录和复制。[3]

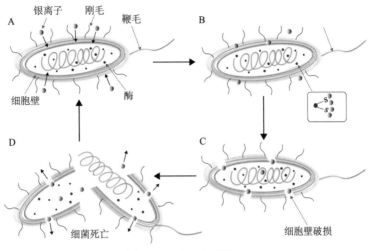

图3　Ag⁺的抗菌机理图

另外,也有人提出活性氧假说[1],添加金属抗菌剂的材料表面分布着微量的金属元素,具有催化活性中心的作用。该中心可吸收环境能量,激活材料表面吸附的空气或水中的氧气,产生羟基自由基($\cdot OH$)和活性氧离子(O_2^-)。此两者具有非常强的氧化还原能力。借东风,火烧联营,可攻击细菌细胞膜,导致细胞膜蛋白质变性,使细菌乖乖举手投降,丧失增殖能力而被彻底歼灭。

研究发现,每升水中只要含2×10^{-12} mg的银离子,即可杀死水中的大部分细菌。因此,银离子的战斗注定是一场以少胜多、以寡敌众的"赤壁之战",其残酷、惨烈程度可想而知。最终,极其少量的银离子就像战斗英雄,横扫绝大部分细菌,取得战场上的胜利。

有害细菌克星之二:铜离子

1878年,法国南部波尔多地区的葡萄遭受"霉叶病"细菌的突然袭击,几乎所有庄园的葡萄树都遭受了毒害,葡萄枝叶凋零,葡萄产量基本为零。庄园主们想尽了各种办法,尝试了多种杀虫剂,但是丝毫没有发生作用。直到1885年,植物学家米拉德教授偶然间发现了一种神奇的液体,可以有效地杀菌。教授把这种液体广泛地应用到了波尔多地区,葡萄恢复生长,葡萄酒产量也因此提高了。这种抗菌液体也被正式命名为"波尔多液"。其实,这种波尔多液的主要化学成分是碱式硫酸铜,分子式为 $CuSO_4 \cdot xCu(OH)_2 \cdot$

yCa(OH)$_2$·zH$_2$O。它是由硫酸铜、熟石灰和水按照1:1:100配制而成的天蓝色胶状悬浊液。植物新陈代谢和细菌入侵植物细胞时都会分泌酸性物质,这些酸性物质会使波尔多液中碱式硫酸铜转化为可溶的硫酸铜。铜离子的释放可以抑制病原菌孢子萌发和菌丝生长。如图4[5]所示,铜离子"内功"非常了得,当微量铜离子接触到细菌带负电的细胞壁、细胞膜时,因库伦力吸引导致金属离子进入细胞膜内,结合细胞中蛋白质上的巯基。所谓巯基,又称氢硫基或硫醇基,是由一个硫原子和一个氢原子相结合组成的负一价官能团,化学分子式为−SH。参与蛋白质组成的20种氨基酸中仅半胱氨酸含巯基。

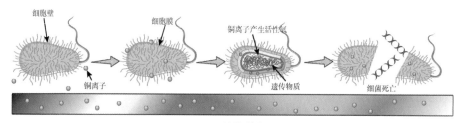

图4　Cu^{2+}的抗菌机理图

这个反应使蛋白质变性而凝固,同时释放活性氧,进一步破坏微生物细胞中的合成酶的活性,干扰细菌遗传物质DNA的合成,使得细菌无法正常分裂增殖。在两种"功法"的共同影响和作用下,最终细菌因中毒而死亡。[5]同时,金属铜离子和蛋白质的结合还破坏了细菌的电子传输系统、呼吸系统和物质传输系统。[1]但是,铜离子化合物具有孔雀绿或蓝色等深颜色,其应用受到一定的限制。

含银/铜的抗菌金属材料

银、铜离子的优异抗菌性能为材料学家们提供了发展新型抗菌合金材料的思路。在合金中添加微量银或铜,通过合适的加工工艺,制造机械性能好,并具有抗菌性能的含银/铜不锈钢材料以及含铜钴铬合金。

含银抗菌不锈钢[1]。根据金属相图,在α-Fe中Ag的溶解度很低,只有0.0002%。因此,人们认为,制造含银不锈钢是不可能的。日本川崎钢铁公司通过特殊方法生产了两种含银不锈钢材料:R430AB和R430LN-AB。此材料中含银0.4%左右,银颗粒以细微颗粒形式存在于金属基体中。由于含银量比较低,所以其对合金的力学性能和耐蚀性能影响很小。

含银不锈钢与含铜不锈钢比,具有更加优越的耐表面处理性。含铜不锈钢需要采用热处理才能保证其抗菌性能。含银不锈钢可广泛用于厨房用具、洗衣机和医疗器械,如图5所示。

(a) 抗菌不锈钢卷板　　　(b) 洗衣机抗菌不锈钢内胆　　　(c) 抗菌不锈钢餐具

图5　抗菌不锈钢产品

含铜抗菌不锈钢。基于铜的抗菌原理,利用铜离子抗菌的研究取得了突破性进展。含铜不锈钢于20世纪90年代首先在日本开发成功,包括含铜铁素体、马氏体和奥氏体不锈钢。首先开发的含铜铁素体不锈钢,其含铜量在2%以下。目前这种含铜不锈钢已广泛应用于全自动洗衣机、食品冷藏车、厨房器具等有关设备。随后开发出含铜马氏体不锈钢和奥氏体系列不锈钢。含铜马氏体不锈钢碳含量高,硬度高,主要制作菜刀和厨房用剪刀。含铜奥氏体不锈钢可应用于厨房、食品和医疗设备和器械。

近年来,中国科学院金属研究所材料学家发明了新型含铜不锈钢。[4]他们在传统不锈钢的基础上添加一定比例的金属铜,通过特殊的热处理加工工艺,使铜原子均匀分散在不锈钢表面及内部,当不锈钢表面溶解出铜离子时就可以实现抗菌功能。铜离子从不锈钢中缓慢释放,可长时间产生抗菌的效果。

这种新型含铜不锈钢还有望在医疗领域大显身手,与传统不锈钢医疗器械相比,其更能够满足无菌的要求,减少反复消毒处理的麻烦,保证器械在常规条件下的无菌状态。[6]利用这种含铜不锈钢制成的外科植入物(骨钉、骨板等),可以解决植入材料术后的感染问题。在未来,或许可以通过调整铜的含量制造出与患者生理环境更匹配的植入材料,为医疗卫生领域带来福音。

　　除了在不锈钢中加入银和铜以开发抗菌金属材料外,我国的科学家们成功研制了一种口腔牙冠用含铜钴基合金,Cu 含量为3.0%~5.0%。[7]该钴基合金具有明显的抗口腔细菌感染功能,且无毒副作用,还能够显著降低现有口腔牙冠用钴基合金医疗器械使用中引发的细菌感染风险,可应用于口腔科临床领域中使用的二类钴基合金医疗器械。

　　抗菌材料在旅游、医疗、家庭用品、电器、食品包装等领域有着极其广阔的应用前景,特别是在人们对公共环境卫生质量要求日益提高的今天,抗菌材料的应用受到更加广泛的关注。例如,在医院、幼儿园、养老院以及患者康复中心、商场等这类公共场所,对于各种设施,如门把手、扶手、送饭车、电梯等,使用抗菌不锈钢材料,就能有效防止病菌传播和交叉感染。而针对食堂、食品加工工厂等场所,将抗菌材料应用于餐饮器具、工作台面、洗涤等设施中,将大大降低细菌生长繁殖的概率。

　　从抗菌金属银、铜离子,到抗菌银、铜不锈钢及含铜钴铬合金,抗菌金属材料走进了一个新型功能化的新时期。随着人们健康、环保意识的提高,人们对于抗菌材料的需求也越来越大。各种不同用途的抗菌金属材料,将快速走进生活,为人类的生命健康保驾护航。[8]

参 考 文 献

[1]　季君晖,史维明.抗菌材料[J].北京:化学工业出版社,2003.

[2]　Alexande J W. History of the Medical Use of Silver[J]. SurgicalInfections, 2009,10(3): 289-294.

[3]　Kristel M, Natalie L, Jacques M,et al. Antimicrobial Silver: Uses, Toxicity and Potential for Resistance[J].BioMetals, 2013,26(4): 609-621.

[4]　Ren L, Yang K, Guo L, et al. Preliminary Study of Anti-infective Function of a Copper-bearing Stainless Steel[J].Materials Science and Engineering C, 2012,32:1204-1209.

[5]　Cooksey A. Molecular Mechanisms of Copper Resistance and Accumulation in Bacteria[J]. FEMS Microbiology Reviews, 1994,14(4):381-386.

[6]　Svitlana C, Matthias E. Silver as Antibacterial Agent: Ion, Nanoparticle, and Metal[J]. Angewandte Chemie International Edition, 2013,52(6):1636-1653.

[7] 赵金龙,杨春光,任玲,等.一种基于3D打印技术制备抗菌钴基牙冠产品的方法[P].2016, ZL201610182224.8.

[8] Shao Y, Zeng R, Li S,et al. Advance in Antibacterial Magnesium Alloys and Surface Coatings on Magnesium Alloys: A Review[J]. Acta Metall. Sin. (Engl. Lett.), 2020, 33(5): 615-629.

生物传感器

——成就了披上战甲的"钢铁侠"

邓雨平　尹　斓[*]

生物传感器的前世今生

作为漫威宇宙中最炙手可热的超级英雄之一——托尼·斯塔克拥有着令人称羡的"钢铁侠"战甲,身披战甲的托尼不仅可以遨游太空,也可以拯救世界。在电影中,"聪明"的战甲除了能提供强大的作战和防御能力以外,还能实时监测托尼的心率、呼吸、精神状态,对可能出现的身体问题,为他做出及时有效的健康评估和作战指导,甚至可以通过感应托尼的脑电波与人工智能"贾维斯"进行交流互动。无论是钢铁侠的战甲,还是《终结者》中的机械手,或是《少数派报告》中的体感手套,这些让人眼花缭乱的"神器"背后,都离不开我们本文的主角——生物传感器。

"传感器"一词起源于拉丁语"sentire",含义是"识别"东西,它是一种识别来自外界环境的刺激和信号的设备。而生物传感器(biosensor)就是专门用于获取和分析各种生物信号的传感器。生物传感就是一个结合了生命科学、分析化学、物理学及信息科学等知识,对生物信号及相关的生命物质进行快速分析和追踪的领域。我们能看到五颜六色的花朵,听到除夕夜此起彼伏的爆竹声,嗅到爸爸妈妈准备的一桌好饭——这种通过眼睛、耳朵和鼻子来感知外部环境的过程就是一种典型的传感器的工作方式。除了这些我们人类"自带"的生物传感器以外,现实生活中也随处可见生物传感器的影子:家里的电子体重秤,医院里的血糖检测仪、水银体温计,听力有障碍的人使用的助听器等。

---

*　邓雨平、尹斓,清华大学材料学院。

生物传感器是怎么工作的呢？它需要完成图1所示的生物传感器工作过程中最重要的三个环节：① 生物信号被吸引到生物传感器表面的生物信号识别元件；② 生物信号与生物信号识别元件之间相互作用；③ 生物信号转换元件把识别的结果转换为电信号，用于进一步分析处理。完成了这三步，那些"看不见，摸不着"的生物信号就摇身一变，变成了数码显示屏上的数字或是图片，以便我们能更好地分析隐藏在生物信号背后的现象和问题。

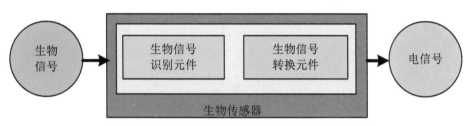

图1　生物传感器的工作机制

1962年，美国L. C. Clark和C. Lgons第一次提出了酶传感器。[1]作为第一个走进公众视野的生物传感器，酶传感器的概念被Clark和Lyons用实验实现了：他们在电极表面固定了葡萄糖氧化酶，通过电极和葡萄糖的选择性电化学反应过程建立了氧浓度与溶液中的葡萄糖浓度的关系。由此开始，生物传感器不断发展，传感也不再局限于生物反应的电化学过程，而是包含了生物学反应中产生的各种信息（如光效应、热效应、压电效应等）。生物传感器也逐渐成为了我们在食品安全、环境保护、医学诊断等各个领域的好帮手。

一般来说，生物传感器可以分为四类：电化学生物传感器、光学生物传感器、压电生物传感器和热量生物传感器。

电化学生物传感器。提到电化学生物传感器你一定不陌生。基于葡萄糖氧化酶的生物传感器就是第一个电化学生物传感器，它对于糖尿病患者定期监测血糖至关重要。生物分子与目标分析物之间发生电化学反应产生或消耗离子或电子，从而改变溶液的电性能（电流或电势），这就是电化学生物传感器的基本原理。除了血糖监测，电化学生物传感器还可以实时连续地检测口腔唾液中的尿酸。[2]2015年，Bahadir等人成功使用电化学生物传感器检测激素。[3]除此之外，电化学生物传感器能检测多巴胺、抗坏血酸等生物信号，在临床异常或疾病诊断中都有非常亮眼的表现。

光学生物传感器。光学传感器，顾名思义，它是通过响应光学信号（荧光或光学衍射）实现传感的生物传感器。光学生物传感器在药物发现、生物传感和生物医学等各个领域都扮演着重要角色。光学生物传感器由一个光源以及许多光学组件组成，一般分为荧光检测模块、机械运动模块、电控模块和软件模块四个模块。用于DNA检测的生物传感器也可以通过光学生物传感器实现。[4]

压电生物传感器。压电生物传感器是生物元素与压电材料（石英、电气石、氮化铝等）的结合。随着分子结合质量的增加，晶体的振荡频率发生变化，产生的变化可以用电测量，最终用于确定晶体的附加质量，由此可以设计出质量传感器。电子体重秤就是质量传感器的应用之一。除此之外，压电生物传感器还可以对分子进行无标记（labelfree）检测。在过去的十年中，生物分子在功能化表面上的吸附成为压电换能器最重要的应用之一。压电生物传感器还可以响应一些界面现象，比如固定受体对蛋白质配体的特异性识别，吸附分子的表面电荷和表面粗糙度，等等。

热量生物传感器。"热能"是自然界常见的能量形式，生物传感器自然也不会"放过"它。热量生物传感器是通过将生物分子固定在酶热敏电阻上组成的。通过测定生物分子在特定化学反应中释放热量的多少，测定该生物分子的含量。Bhand和其团队发明了一种果糖选择性热量生物传感器[5]，并成功应用于商业糖浆样品中果糖的测定。

"无所不能"的生物传感器

形形色色的生物传感器在人们生活的方方面面都扮演着不可替代的角色。在环境监测中，生物传感器广泛应用于污水检测、农药定量检测等。在食品工业领域，生物传感器可以完成在葡萄酒和饮料中对葡萄糖、果糖、甘油、乳酸、苹果酸或乙酸等分析物的测定[6]，还可以测量食品中的微生物和毒素，确定食品的新鲜度，评估食品的质量等。当然，医学是生物传感器最重要的应用领域，生物传感器在医学领域的应用需求在不断增长。目前，生物传感器在诊断传染病、检测抗体沉积、心血管疾病的检测中发挥着重要的作用。

商业上应用最成功的生物传感器是葡萄糖生物传感器，约占整个生物传感器市场的85%。葡萄糖生物传感器的发展可以分为三个阶段：第一代葡萄糖生物传感器通过检测酶促反应中氧气的消耗或过氧化氢的生成来监测葡萄糖的浓度，但是检测环境中氧气含量的变化极大地限制了测量精度；

第二代葡萄糖生物传感器提高了电子传输速率；第三代葡萄糖生物传感器的一大优势是操作电势低，电子通过酶的活性位点直接从葡萄糖转移到电极上，不需要其他介质。如今，葡萄糖生物传感器为了满足了个人（家庭）血糖测试的需求，在向小型化、便携化的方向不断发展。许多公司制造和销售的血糖测试条已被糖尿病患者广泛使用。图2[10]中展示的就是一款商用的血糖检测仪，使用者只需要刺破手指，将一滴血滴到测试条上的相应区域，在5~30 s内就能在液晶显示屏上读取血糖浓度。

图2　商用血糖检测仪示意图

此外，近年来新兴的可穿戴传感器可以连续地监测人体状态，是实现个性化医疗极具前景的重要技术。通过多个传感器的系统集成，可以实现对复杂生物信号的测量和分析。韩国延世大学的M. Kang设计了一款可穿戴的三维电容式触摸传感器（图3）。[7]这种触摸传感器集成了透明且可拉伸变形的电极，通过感知外部的压力信号来识别接近物体的形状和大小，就像一层神奇的电子皮肤。除此之外，另一种可穿戴的智能电子贴片（图4）可以轻易地附着在使用者的手腕、脖子或者额头上，在不同的环境下检测皮肤表面的湿度和温度，从而实现对人体的健康监测。[8]更有趣的是，新加坡国立大学的C. K. Lee团队研发了一款智能袜子（smartsocks，图5）用于连续监测人体的健康信号。[9]正如图5所示，虽然这种袜子在表面上看和普通的袜子没有什么区别，却可以实现包括能量收集、医疗监控、运动跟踪、智能家居等多种功能。

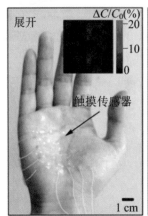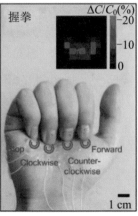

图3 电容式触摸传感器

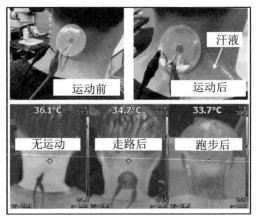

图4 皮肤温度传感器

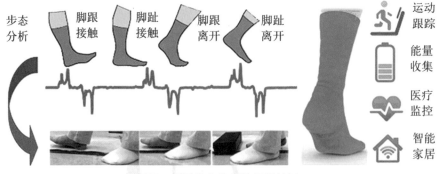

图5 用于步态分析的智能袜子

小传感，大未来

　　随着科学技术水平的不断发展，许许多多的生物传感器广泛地应用于人类的生活。除了继续优化生物传感器的准确性、可靠性外，提高传感器的生物相容性也是重要的探索方向。未来的生物传感器将会颠覆传统器件体积大、不可弯折的特点，朝着小型化、柔性化方向发展，实现传感器与人体柔软的皮肤、器官无缝贴合。传感器还可进一步实现像弹性橡胶一样的可拉伸性能，以适应在探测过程中人体各部位可能出现的形变。甚至，能在人体内溶解消失的生物传感器也会成为现实：器件完成传感任务后会像可降解医用缝线一样被人体安全地吸收，从而避免二次手术。此外，各种智能材料的蓬勃发展也为可重构、可对周围环境响应的智能生物传感器创造了多种的可能性。相信在未来，生物传感器会像"钢铁侠"的战甲一样，在保护环境、保卫人类健康的进程中发挥更重要的作用。

参 考 文 献

[1]　Clark L C , Lyons C . Electrode systems for continuous monitoring in cardiovascular surger [J]. Annals of the New York Academy of Ences, 1962, 102(1):17.

[2]　Kim J,et al. Wearable Salivary Uric Acid Mouthguard Biosensor with Integrated Wireless Electronics[J]. Biosens Bioelectron, 2015, 74:1061-1068.

[3]　Bahadir E B,Sezginturk M K. Electrochemical Biosensors for Hormone Analyses[J]. Biosens Bioelectron,2015, 68:62-71.

[4]　Dias A D, Kingsley D M,Corr D T. Recent Advances in Bioprinting and Applications for Biosensing[J]. Biosensors (Basel) ,2014(4):111-136.

[5]　Bhand S G,et al. Fructose-Selective Calorimetric Biosensor in Flow Injection Analysis[J]. Anal Chim Acta ,2010, 668:13-18.

[6]　Monošík R, Streďanský M,Šturdík E. Biosensors - Classification, Characterization and New Trends[J].Acta Chimica Slovaca ,2012(5):109-120.

[7]　Kang M,et al. Graphene-Based Three-Dimensional Capacitive Touch Sensor for Wearable Electronics[J].ACS Nano,2017(11): 7950-7957.

[8]　Mondal S, Kim S J, Choi C G. Honeycomb-like MoS$_2$ Nanotube Array-Based Wearable Sensors for Noninvasive Detection of Human Skin Moisture[J].ACS Appl Mater Interfaces, 2020(12):17029-17038.

[9] Zhu M,et al. Self-powered and Self-functional Cotton Sock Using Piezoelectric and Tribo-electric Hybrid Mechanism for Healthcare and Sports Monitoring[J]. ACS Nano, 2019 (13):1940-1952.

[10] https://commons. wikimedia. org/wiki/File: Blausen_0301_Diabetes_GlucoseMonitoring. png.

柔性硅材料

——信息技术基石的未来

尤淳瑜　于　瀛　梅永丰*

可以预见的未来

电影《机械姬》中,程序员加利在图灵测试过程中,渐渐为被测者伊娃所吸引——在日复一日的交流与接触中,他愈发感觉伊娃并非一台人造的冰冷机器,更像是一位被囚禁深山的无辜少女。伊娃有着与人类并无二致的外貌,她柔软的皮肤下,埋藏着无数的、仿造神经系统而设计的传感器。这些传感器,让她能够感知柔软、坚硬、冰冷、火热等触感,从而在此基础上,做出与人类一般的反应。

电影中由智能机械构筑的虚幻世界,也许并不只是一场人类的凭空遐想。随着柔性电子学的不断发展,功能更全面的电子皮肤、可附着于各种表面的柔性太阳能电池、随意折叠弯曲的屏幕都将成为未来世界的日常。

柔性电子作为一门新兴学科,材料的选择与开发成为了当下研究的核心。在众多性质各异的候选当中,柔性硅材料因其与现有集成电路工艺的兼容性及本身优异的性能,脱颖而出,成为众多研究的焦点。早在20世纪60年代,人们为了尽可能减少人造卫星的重量,将用硅制成的太阳能电池板尽可能地减薄。当硅材料的厚度达到100 μm以下时(与一根头发的直径相当),人们发现原本坚硬又易折裂的硅表现出了一定的柔韧性,可以进一步将其与塑料基底结合在一起,制成可以折叠和展开的卫星"翅膀"。这是柔性的硅材料第一次被使用的记录。

关于柔性硅的故事早已开启,但距离它真正登上舞台,我们得经历一幕长达几十年的序章。那里有我们为何要"大费周章"将原本坚硬的硅转化成

*　尤淳瑜、于瀛、梅永丰,复旦大学材料科学系。

柔性硅材料的原因,更重要的是,在畅想未来生活以前,我们先要了解现代生活的来源。让我们先回过头来,从硅的时代谈起。

硅的时代和新的挑战

硅是地壳中储量第二丰富的元素,以硅酸盐或二氧化硅等形式存在于随处可见的沙子、石块之中——可以说,硅几乎是取之不尽、用之不竭的。

早在1823年,瑞典科学家贝尔塞柳斯(Berzelius)发现了硅元素。但在此后大部分时间中,人们并没有掌握硅的独特性质并加以利用。直到20世纪50年代,伍德亚德(Woodyard)才系统性地研究了以硅为代表的半导体材料的掺杂效应。所谓"掺杂",是指通过一定工艺,将少量其他元素掺入纯净的半导体材料当中。通过改变所掺杂质的种类和浓度,便可调控其电导率。这给以硅为代表的半导体材料在之后的广泛应用中奠定了坚实的基础。

1958年,发明并制成了第一个以"锗"作为基底的集成电路,也就是我们通常所说的"芯片"。但是,锗的熔点低,不适于后续工序,更不用说它产量稀少,于是很快便被熔点更高且储量丰富的硅所替代。目前,以硅制成的集成电路已成为市场上的主流产品,见图1。

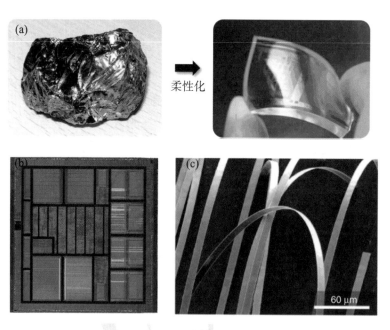

图1 硅材料及其应用

(a) 硅材料的柔性化;(b) 现代集成电路;(c) 柔性硅条带

自此,硅的应用便走上了"高速车道",迅速在人类生活的方方面面铺展开来,成为现代信息技术的材料基石。从潜水艇到火箭,从发电站到加油站,无论汽车、火车,还是电脑、电视,只要有芯片在当中调控,就都变成了硅发挥作用的舞台。回溯历史,人类经历了石器时代、青铜时代、铁器时代,而现在我们迎来了硅的时代。

迄今,对以硅为基底的芯片最集中的研究开发,在于降低其上分布的晶体管"导电沟道宽度"——简而言之,在芯片面积不变的前提下,塞下更多晶体管,以在提高性能的同时降低功耗。在最初的几十年间,每18个月,芯片的性能就会提升一倍(这个结论也就是大名鼎鼎的摩尔定律)。目前,一个指甲盖大小的芯片上已经可以集成几十亿甚至上百亿个晶体管。但是,随着导电沟道宽度的大小慢慢接近其物理极限,这种爆炸式的增长趋势难以为继。

虽然很难继续减小沟道宽度,但人们仍在不断尝试提升硅的性能及其应用范围。其中,柔性硅材料以其丰富的潜在应用和独特的性能而备受关注。

如何让硅由"刚"变"柔"

我们已经对硅材料有了一定的了解,那什么是"柔性硅"呢？柔性,即弯曲、可以拉伸,与"刚性"相对。目前芯片中的硅材料,一般情况下是无法弯折和拉伸的,是典型的"刚性"材料。

往往我们讨论"硬"和"软"的时候,是针对一个宏观物体提出的概念。造成不同物体"刚"或者"柔"的原因,除材料本身的性质外,还有它的形态。比如我们日常所见的有限网络光纤,实际上是由玻璃制成的。块状的玻璃总是易碎又无法弯曲,细长的光纤却可以随意弯折。同样是以二氧化硅为主体的玻璃,虽然微观的原子排布和键合方式并没有改变,但由于材料维度的变化,它们的应用表现相差很大。对于硅而言,情况也是相同的。现实中的物体,都具长、宽、高三维,如果大幅缩短至少一个维度,那么原本刚硬的材料就可能变得柔软。在光纤的例子上,我们就减少了两个维度上的长度。另一个常见的例子是竹条,只要在一个维度上减薄到几毫米,本来不易弯折的竹子就会变成有着相当柔性的编织材料。但是,对于不同材料,需要减薄的程度是不同的。对硅而言,就需要减薄至纳米级,即1/50000

根头发的粗细。

除了对硅的大小尺度"开刀"外,另一个突破口在于巧妙设计现有硅的宏观形态,让硅变成如弹簧等柔性器件的形状结构,从而使之获得惊人的拉伸与弯折能力。

常见的柔性硅材料

2000年起,柔性硅材料的发展逐渐步上了"快车道"。目前研发出的柔性硅材料具有多种形态,如硅膜薄、硅条带、硅纳米线、硅纳米锥阵列等。不同的形态赋予了它们不同的性能,其用处也有所不同。比如,硅纳米线可以在电池中作为负极材料,此类电池能够储存比普通电池多两倍以上的电量,且拥有更长的寿命;而以硅薄膜为基础的人造电子皮肤,则可赋予机器人如同人类一般的触觉感受。下面将着重介绍以下几种柔性硅材料的构造、制备方法及应用,它们具有代表性,其他硅材料大多可以视作它们的衍生。

1. 硅薄膜

我们将块状硅材料减薄到几百个纳米的厚度时,就可以得到几乎透明的硅薄膜,获得原本不具有的弯曲性能。此时的硅薄膜,比蝉翼还要薄上百倍。那么,又硬又脆的块状硅是怎么变薄的呢? 现如今最常见的硅薄膜的制备方法有以下两类:

机械打磨法:用机械方法直接研磨块状硅,或者将高温高反应活性的等离子体打在硅表面,使硅变成气体化合物"飘走",将块状硅一点点减薄。这种方法简单直接,可适用于各种情况,且对未受到打磨的那一面,几乎没有附加影响。

刻蚀法:利用化学试剂进行选择性刻蚀。对于硅的不同原子排列方向,化学试剂溶解硅的速度会有很大的差异。另外,硅和它的氧化物——二氧化硅,在像氢氟酸这样的溶液中被刻蚀的速度则相差百倍以上。被更快溶于试剂中的部分,称为牺牲层。通过精巧地设计化学试剂、牺牲层的种类以及刻蚀的路线,可以获取具有不同性质的硅纳米膜。

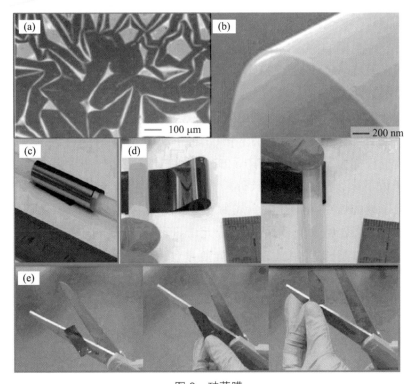

图 2　硅藻膜

(a) 带有褶皱的硅薄膜[1]；(b) 电子显微镜下的纳米硅薄膜[3]；

(c)~(e) 像纸般可弯可折可剪的硅薄膜材料[4]

硅薄膜由于其纳米级厚度，往往是"吹弹可破"，十分脆弱，这时就需要用柔性的塑料衬底将其托住，防止其破碎。这些塑料衬底就仿佛硅薄膜的"保镖"。但这样一来，一是增加了厚度，二是无法令硅薄膜"自在"地发挥其最大性能。随着技术不断演进，现在已经出现了能如纸一样可弯可折，又"自由自在"的硅薄膜材料，甚至随时还能用剪刀裁剪成各种形状。

柔性硅薄膜具有不亚于块状器件的电学性能。目前芯片器件的制作过程中，往往只使用块状晶圆表面1%左右厚度的硅材料，而剩余的99%是不发挥电学作用的。所以硅薄膜的厚度完全不会限制现代集成电路工艺的发挥，由于其可弯折、卷曲的特性，进一步拓宽了集成电路的应用范围。

与块状硅材料相比，除了柔性之外，硅纳米薄膜具有更明显的光电、热电性质差异，比如单位体积更强的光吸收、明显更低的热导率以及可以承受更高的工作温度等。同时，在薄膜上制造器件，并可以将多层薄膜堆叠，形成三维结构的集成电路，大幅提升芯片的效能。

2．硅纳米线

另一个重要的柔性硅形态是硅纳米线。它与薄膜不同的是,它在两个维上都显著减小尺寸,在保持了硅原有半导体特性的同时,具有更好的弯曲能力和可塑性。

最常见的硅纳米线制备采用气态–液态–固态生长的方法。先在衬底上规则地放上具有催化性质的纳米颗粒,再不断通入含有硅的化合物气体,这些气体也被称为"前驱体"。前驱体在遇到纳米颗粒时,由于催化作用会将硅原子留下来,同时由于生长环境内的高温以及纳米催化剂颗粒的存在"拖"低了硅的熔点,硅被熔化,成为液体。随着前驱体的不断涌入,纳米催化剂旁的液态硅越来越多,纳米颗粒无法将它们都"拖入"液态,于是在衬底附近,固态的硅开始生长出来。随着越来越多的硅原子经过"气–液–固"的旅途,它们最终都会不约而同地在衬底上"排起长队",硅纳米线就生长出来了(图3)。硅纳米线同样有着不同于块状硅材料的光电性质,以及更低的热导率。更重要的是,硅纳米线在各个方向上的柔性,使人们可以更灵活地设计器件的形态和内部结构。比如我们现在常用的充电电池寿命较短,就是因为经历了多个充放电循环的电极材料会膨胀、互相挤压,进而损坏或者破坏掉整个电极。采用硅纳米线的充电电池,通过合理设置柔性硅纳米线的排布方向和密度,即使经历多个充放电循环发生膨胀后也不会互相挤碎,同时又能保证原有的蓄电能力。

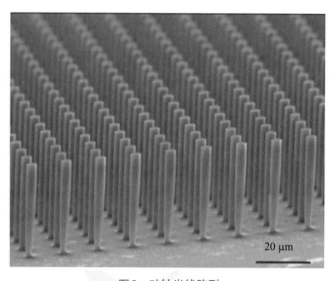

图3　硅纳米线阵列

3．由宏观可延伸结构连接的硅材料

除将硅材料减薄之外,科学家们还从弹簧的结构中得到了启发。如果将各个本不具有延展性和弯曲性能的硅块状材料,用像弹簧一样可大幅度拉伸的结构连接起来作为一个整体,这样的硅可看作是具有柔性的。通过巧妙的设计,使用弹簧结构连接的硅可以拉伸到原长度的4倍以上。制作这类柔性硅材料只需使用传统的光刻和刻蚀工艺,从一块完整的硅片上刻出弹簧的形状,我们可以期待利用简单的工艺通过巧妙改变结构实现柔性硅料材料的制备(图4[1])。

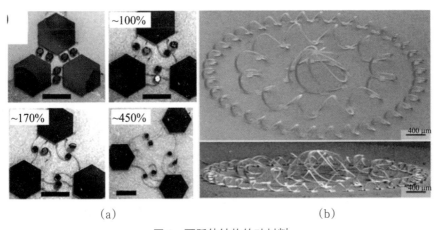

(a)   (b)

图4 可延伸结构的硅材料

(a)具有弹簧结构的可拉伸硅材料;(b)模仿蛇形曲折结构设计的具有复杂三维形态的柔性硅

由柔性硅材料描绘的未来

1．信息科技的未来——全新态、遍布各处的传感器

传感器是柔性硅材料大显身手的舞台之一。传感器作为可将各种物理量转换为电信号的器件,连接起了真实的物理世界和数字世界。以硅为基础的各种传感器现今随处可见。

柔性化后的硅材料,带来了以往硅材料不具有的弯折性能,也就扩展了其应用场景。现如今的传感系统往往只能搭载在较为平坦的表面,而面对不平整或多变弯曲的情况,如生物体、流线形设计的设备等,"硬邦邦"的传感器便无处下手。此时,柔性硅材料的在各种表面的良好贴合能力使问题迎刃而解。比如在遍布沟壑的脑部,传统的传感器不仅很难测得有效信号,还可能会对脆弱的组织结构造成损伤。目前,已有实验室开发出基于柔性

硅薄膜的小鼠脑部的柔性传感器阵列(图5(a)[5]),对小鼠脑电图监测的准确性已经可以和医用临床脑电波监测设备相媲美,且具有良好的生物相容性。

除扩展应用场合外,柔性硅材料的弯曲性也能使传感器的性能得到提升。比如现如今感光设备的视野受限于传感核心的平面结构,无法像人眼一样达到167°的大视野;另外,获得的图像在边缘处也会发生比例失调,产生畸变。这样的问题长期困扰着科学家们。而用柔性硅薄膜制成的半球形结构仿生电子眼(图5(b)[11]),通过模仿人眼中结构的曲率,其模仿感光原理能更大程度上和人类相似,具有更大的视角和更小的图像畸变,也就能使获得的图像更加接近于人眼所见。

(a) 植入小鼠脑部的柔性传感器　　　　(b) 模仿眼球形状的光学传感器

图5　柔性硅材料的应用

柔性硅材料及基于其构造的传感系统能改变信息的接受方式,扩展能够搜集数据的范围,这将大大提高我们搜集到的数据的质和量。而在当今信息时代,准确而海量的数据是相当宝贵的资源,相信柔性硅材料的发展一定会从源头给信息科技的发展和智能化社会的建设带来福音。

2. 机械化的未来——进一步模糊机器人与人区别的人造电子皮肤

皮肤是人体面积最大的器官,具有相当高的敏锐度,既可以感受到轻如蚊蝇般的压力,又能够准确给出压力所在的位置。要给出某个精细的压力数值并不难,但是要分辨压力来自哪个具体位置,却需要数量巨大、分布致密传感器阵列。现今大部分传感器,只能在平面上做到这一点,可就算是机器,也不可能总是方正平整,那些曲面就成了机器触觉的"盲点"。柔性硅材料对于各种表面的贴合能力,为问题的解决提供了思路。实际上,人造电子皮肤可以比人类皮肤具有更多的功能。它可以对环境中,如红外线、湿度等其他刺激做出反应,也可以使机器"触到"一个更广阔的世界,如图6所示。更强大的感知能力伴随现有计算芯片的强大数据处理能力,机械自动化的发展甚至可能超越我们的想象。

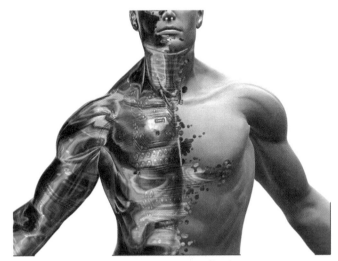

(a) 科学家设想的可以替代、强化人类原本皮肤的电子皮肤

−20%
拉伸

(b) 现今已经研发的由柔性硅条带制成的电子皮肤手

图6 柔性硅材料应用于人造电子皮肤

3. 能源的未来——可以贴合在任何表面的移动发电站

柔性硅材料另一个极具吸引力的应用在于制造柔性光伏面板。光伏，是太阳能光伏发电系统的简称，是将太阳光辐射能直接转换为电能的一种新型发电系统。由于光伏是将太阳能直接转化为电能，在能量的转换过程中完全不产生任何有害物质，是一种理想的绿色发电方式。随着太阳能电池光电转化效率的不断提升，光伏在整个能源结构中所占据的份额也会越来越大。晶态硅薄膜本就是薄膜光伏材料中的翘楚，现如今将柔性硅材料技术与之结合，太阳能发电系统就有了更加广阔的发挥空间。首先，硅纳米薄膜和硅纳米线具有光电增强的机制，能大幅减少能量在转换过程中硅的耗散。同时，柔性硅材料在各个表面的贴合能力，使得光伏面板可以不再局限于平整的表面上(图7(a)[1])，而与各种曲面形状的日常器件、设施结合，比如汽车、螺旋桨飞机(图7)、风力发电机等。这些设备原来流线型的表面是传统光伏面板无法贴合的，若这些区域都把柔性硅材料的优势利用起来，将可以提供相当可观的发电量。

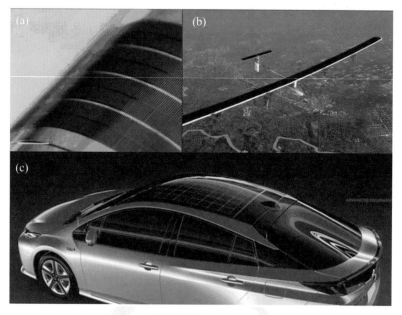

图7　硅材料在能源方面的应用

（a）柔性的光伏面板；(b) 由太阳能驱动的飞机；(c) 天窗由光伏面板替代的概念汽车

采用柔性硅材料制成的光伏面板，在提供源源不断的能源的同时，也对环境十分友好，其生态亲和性正是目前许多流行光伏材料所欠缺的。从制造到发电,整个过程的绿色无害化是人类长久以来的努力目标,而柔性硅材料为这一理想的实现提供了可能的路径。

柔性硅材料的出现,极大地拓展了硅材料的应用范围。硅终于可以甩开被限制在平整表面的枷锁,在更多更大的舞台上起舞。这些舞台会是血管的内壁,会是机器人的指尖,也会是每一寸被阳光沐浴的地方。有了硅,就会有数字化、电子化和智能化的革命。柔性硅材料会使我们生活更加美好。

参 考 文 献

[1]　Rogers J A, Ahn J H. Silicon Nanomembranes: Fundamental Science and Applications[M]. Hoboken:John Wiley & Sons, 2016.

[2]　Rogers J A, Someya T, Huang Y. Materials and Mechanics for Stretchable Electronics[J]. Science, 2010, 327(5973): 1603-1607.

[3]　Song E, Guo Q, Huang G, et al. Bendable Photodetector on Fibers Wrapped with Flexible Ultrathin Single Crystalline Silicon Nanomembranes[J]. ACS Applied Materials & Interfaces, 2017, 9(14): 12171-12175.

[4]　Wang S, Weil B D, Li Y, et al. Large-area Free-standing Ultrathin Single-crystal Silicon as Processable Materials[J]. Nano Letters, 2013, 13(9): 4393-4398.

[5]　Viventi J, Kim D H, Vigeland L, et al. Flexible, Foldable, Actively Multiplexed, High-density Electrode Array for Mapping Brain Activity in Vivo[J]. Nature Neuroscience, 2011, 14 (12): 1599.

[6]　Kim J, Lee M, Kim D H, et al. Stretchable Silicon Nanoribbon Electronics for Skin Prosthesis[J]. Nature Communication, 2014(5): 5747

多孔材料
——能够浮在水面上的金属

王　建*

金属材料大家都不陌生,但假如说金属材料可以浮在水面上,甚至能够站立在蒲公英上,想必大家都不太相信。20世纪80年代末,德国电视台的《Knoff-Hoff Show》节目中展示了可漂浮的铝合金,颠覆了人们长期以来对金属材料密度大于水的感性认知。[1]2011年,《科学》杂志上报道了世界上最轻的金属材料[2],这种材料为镍基合金,其密度仅为水的1/100,轻到甚至可以悬放在蒲公英上(图1)。在美国波音公司所公布的影片中,可看到科学家能轻松地吹起这种材料,就像羽毛般轻盈地飘浮在空中,然后落地。

图1　能够站立在蒲公英上的多孔镍合金

---

*　王建,西北有色金属研究院金属多孔材料国家重点实验室。

轻量化的奥秘——多孔材料

大部分金属材料的密度都大于 1 g/cm³，降低其密度的奥秘就在于将其制成内部含有大量孔隙的多孔材料。那么，是不是含有孔隙的材料就能称为多孔材料呢？回答是否定的。比如在材料使用过程中经常遇到的孔洞、裂纹等以缺陷形式存在的孔隙，它们的出现会降低材料的使用性能，这是设计者所不希望的，因而这些材料就不能叫作多孔材料。所谓多孔材料，须具备如下两个因素：一是材料中包含大量的孔隙；二是所含孔隙被用来满足某种或某些设计要求以达到所期待的使用性能指标。[3]

大自然中的多孔材料

大自然广泛存在着形态各异的多孔材料。天上飞的鸟的翅膀和喙，生活在深海的维纳斯花篮，宁折不弯的毛竹，甚至连我们自身的骨骼等均由多孔材料组成（图2[4-6]）。这些带孔的材料不仅能够承受一定的载荷，起到支撑躯体的作用，而且相互连通的孔隙还可以起到输送营养、减轻重量、保温透气等作用。

（a）犀鸟的喙

（b）鸟的翅膀

图2　自然界中存在的多孔材料示例

（c）维纳斯花篮

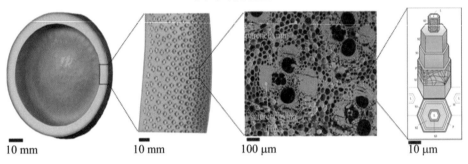

10 mm　　　10 mm　　　100 μm　　　10 μm

（d）毛竹的多孔结构

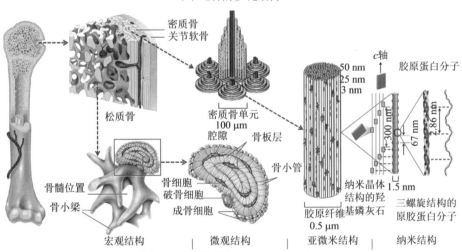

（e）人骨的多孔结构

续图2　自然界中存在的多孔材料示例

多孔材料应用广泛

受大自然的启发，人们逐渐认识到多孔化会给原来的材料赋予崭新的优异性能，开发了粉末烧结、熔体发泡、模板沉积、3D打印等制备技术，研制出了金属、陶瓷、高分子、碳材料、玻璃等各种材质的多孔材料。孔隙的存在，使多孔材料呈现出一系列与致密材料不同的优良特性，在现代工业多个领域中已经获得广泛的应用。让我们来看看什么地方用到了多孔材料。

多孔含油轴承。轴承是许多机器上不可缺少的零件，机器上大大小小的轴承比比皆是。飞奔的火车和各种车辆上有笨重的轴承，手表和电子产品中需要小巧轻质的轴承。

iPhone手机受许多年轻朋友的喜爱。每部iPhone手机里都有两个震动马达，用作静音模式下的来电提示。马达转动就需要用到轴承，图3显示的只有在放大镜下才能看清的极微细轴承就是由多孔材料制成的，此类轴承含有大量的孔隙，可存储润滑油。当轴旋转时，润滑油渗出于含油轴承的摩擦表面；当轴停止转动时，润滑油就回流于含油轴承孔隙内部。因此，润滑油的消耗量是非常小的，可在不从外部供给润滑油的情况下长期运转使用，对于那些不能外置的供油系统，且润滑油不能产生污染的精密器件非常适用。

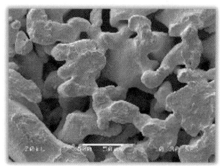

图3 微型马达用多孔含油轴承及其材料的微观形貌

早在1870年，美国就发明了铜基含油轴承。目前全球多孔含油轴承年产量超过20亿个，在小型机械中得到了广泛应用。除了iPhone手机外，一台液晶电视要用到二三十个小电扇，每个小电扇里有两个马达，每个马达都要用到轴承。此外，冰箱的压缩机、电脑的散热马达、让汽车电动后视镜能够收放和左右上下调整的马达,也全都必须用到含油轴承。我国含油轴承的生产起步于20世纪50年代初,经过多年的发展,我国已经发展成为世界上最大的多孔含油轴承生产国。

液体和气体净化。多孔材料含有大量连通的孔隙,在一定压力下,液体和气体能够透过多孔材料,同时微孔可起到类似筛网的作用,能够拦截流体中含有的尺寸大于微孔的颗粒,从而起到对流体进行净化和分离的效果。正是基于这一特性,金属多孔材料在国防高科技领域率先得到大量应用。例如,美国以及苏联在原子弹研制早期均是采用多孔金属材料,通过气体扩散法制备了原子弹用的高纯度核燃料。20世纪五六十年代,中国老一辈科学家突破国外技术封锁和限制,研制出了核燃料分离用的多孔金属材料,为我国原子弹的研制作出了重要贡献。

近年来,多孔金属材料在现代工业过滤与分离领域的应用也越来越广泛。图4是西北有色金属研究院金属多孔材料国家重点实验室自主研发的多孔金属微滤膜材料,它由大孔支撑体和微孔膜层两部分组成,可实现0.3 μm以上固体颗粒的高效拦截,现已在核工业、煤化工、多晶硅等多个领域获得规模应用。

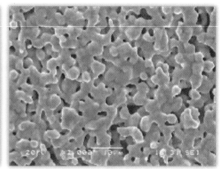

图4 微孔金属膜及其微观形貌

生物医用多孔材料。生物相容性好、无毒的材料,如钛合金、钽等,常被用作骨科植入材料。然而,致密材料的力学性能特别是弹性模量与人体骨骼不匹配,临床应用过程中普遍存在应力屏蔽现象。如若将上述材料制成多孔材料,不仅能够使其力学性能与人体更为接近,而且其三维贯通的结构有利于组织细胞在植入体内黏附、分化和生长及水分和养料的传输,从而使外科植入物和骨组织有良好的相容性,增加了外科植入体的长期稳定和有效性。

　　早期的多孔金属植入物采用等离子喷涂或粉末冶金技术制备。近年来,3D打印的多孔金属植入物在临床的应用日益广泛。据报道,仅采用粉末床电子束3D打印技术制备的多孔钛合金髋臼杯(图5[7])临床应用已经超过20万例。

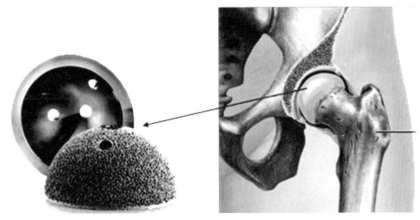

图5　粉末床电子束3D打印制备的多孔表面钛合金髋臼杯

　　流体的分布与控制。在化学工业中存在大量的液-固、气-液、气-固反应,多孔材料具有大量良好渗透性的微孔,可以实现对气体或液体的分散利用以增加反应的界面,提高反应效率。图6[8]是白俄罗斯粉末冶金研究所研制的多孔钛布气元件,该元件已经在俄罗斯、白俄罗斯和乌克兰等国家的工业废水臭氧处理装置中使用,使用寿命超过15年。此外,流体通过多孔材料均匀分布的特点,还可实现固态物料的连续输送。目前,我国煤化工行业粉煤的流态化输送全部采用的是我国自主研制开发的多孔不锈钢通气锥和通气管。

图6　多孔钛布气元件及其布气效果

多孔材料作为结构功能一体化材料,以它轻质、吸音降噪、高效换热、表面燃烧等优点,将在化工、冶金、能源、电子和生物医用等领域具有更加广泛的应用前景。

参 考 文 献

[1] Degischer H P, Kriszt B. Handbook of Cellular Metals: Production, Processing, Applications[M]. Boschstraße: Wiley-VCH Verlag GmbH & Co. KGaA, 2002.

[2] Schaedler T A, Jacobsen A J, Torrents A, et al. Ultralight Metallic Microlattices [J]. Science, 2011, 334: 962-965.

[3] 刘培生. 多孔材料引论[M]. 北京: 清华大学出版社, 2004.

[4] Schaedler T A, Carter W B. Architected Cellular Materials[J]. Annual Review of Materials Research, 2016, 46:187-210.

[5] Osorio L, Trujillo E, Vuure A W V, et al. Morphological Aspects and Mechanical Properties of Single Bamboo Fibers and Flexural Characterization of Bamboo/epoxy Composites[J]. Journal of Reinforced Plastics and Composites, 2011, 30(5): 396-408.

[6] Wang X, Xu S, Zhou S, et al. Topological Design and Additive Manufacturing of Porous Metals for Bone Scaffoldsand Orthopaedic Implants: a Review[J]. Biomaterials, 2016, 83:127-141.

[7] Zhou L, Yang Q, Zhang G, et al. Additive Manufacturing Technologies of Porous Metal Implants[J]. China Foundry, 2014,11(4): 322-331.

[8] Savich V, Taraykovich A, Bedenko S. Improved Porous Sponge Titanium Aerators for Waste Treatment[J]. Powder Metallurgy, 2013, 56: 272-275.

纳米界的足球

——富勒烯

王虹智　刘佳佳*

揭开富勒烯的神秘面纱

假如有 60 个碳原子,你会怎么将他们完美地组合在一起得到一个完整的分子呢? 这个看似简单的拼图游戏,却困扰了化学家好多年。20 世纪 60 年代末至 70 年代初,日本和苏联的科学家就各自独立地发现了 C_{60} 合适的结构——一个由 12 个正五边形和 20 个正六边形组成的完美的球形结构。但这个古怪的想法在当时仅仅是一种有趣的遐想而已。没有人认为谁能真正在实验室中造出具有完美球形结构的 C_{60} 来,因此这种想法也就逐渐被大家搁置了。

那么,C_{60} 分子到底长什么样子呢? 后来受著名建筑学家巴基敏斯特·富勒最牢固的薄壳拱形结构的启发,他们最终才为其设想了一种与上述理论结果不谋而合的球形结构,并将 C_{60} 命名为巴基敏斯特·富勒烯,简称为富勒烯。当他们满怀喜悦向数学家们请教时,得到的回答却是:"……孩子们,你们所发现的,就是一个足球啊!"一个现代足球正是由 20 块白色的六边形球皮和 12 块黑色的五边形球皮缝成的,在足球上你恰好可以数出 60 个顶点。至此,C_{60} 分子的神秘面纱被科学家们揭开了。原来它是由 12 个正五边形和 20 个正六边形镶嵌而成的中空球体,具有 32 个面和 60 个碳原子顶点,每个顶点是 2 个正六边形加 1 个正五边形的聚合点,酷似一个直径在 0.7 nm 左右的小足球。你们知道吗? 1996 年,美国的罗伯特·科尔和理查德·斯莫利、英国的哈罗德·沃特尔·克罗托还因富勒烯的发现荣获诺贝尔奖。

---

* 王虹智、刘佳佳,北京理工大学材料学院。

图1　足球与富勒烯

富勒烯大家族

富勒烯其实是一个庞大的家族,除了我们前面提到的足球形状的富勒烯外,它还包含非常非常多的形状,如椭球形、柱形或管状。而且,它不仅可以是单层的,也可以是多层的,甚至是各种形状套在一起的不规则形状,如图2*所示。根据富勒烯包含碳原子数的不同,可以区分为C_{28}、C_{34}、C_{70}、C_{84}、C_{90}、C_{120}等,每一种都有自己特定的形状。除了只含有碳原子的纯的富勒烯外,科学家们为了更好地利用富勒烯,让它为我们的日常生产生活服务,逐渐探索富勒烯的功能化,赋予它更多的功能,从而使其更好地服务于人类。既然C_{60}分子是一个纳米足球,那么它的功能化主要也就包含两大类:在富勒烯的笼外进行化学修饰,通过化学反应,在外面接上可以起不同作用的分子;将分子束缚到富勒烯球内,也就是将富勒烯打开,然后将想要的分子放进富勒烯的球腔内部,俗称"开孔反应"。很神奇吧!

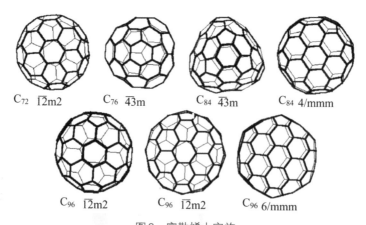

图2　富勒烯大家族

---

*　图片引自:https://image.baidu.com。

富勒烯在生活中的应用

前面说了这么多富勒烯,那么大家肯定会问了:富勒烯有什么用呢? 我们在日常生活中会不会用到它呢? 其实,富勒烯作为一种新型碳材料,由于其独特的笼状结构,已在超导、太阳能电池、催化、光学、高分子材料以及生物等领域表现出优异的性能,具有广阔的发展前景。C_{60}是富勒烯家庭中相对最容易得到、最容易提纯和最廉价的一类,因此C_{60}及其衍生物是被研究和应用最多的富勒烯。富勒烯有诸多应用领域,如图3*所示。

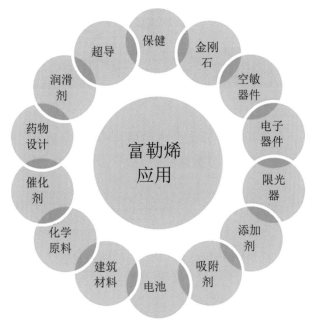

图3 富勒烯的应用领域

太阳能电池的受体材料。富勒烯具有非常强的氧化还原性、高的电子亲和能和优异的迁移率。功能化的富勒烯衍生物不仅能够保持富勒烯自身的特性,同时也实现了可溶液加工以及物理化学性质的调控。通过在富勒烯上引入不同的官能团,可以进一步调控富勒烯衍生物的溶解性、能级、表面能,及其在固体状态的取向、分子间作用力,以实现富勒烯衍生物的多功

---

* 图片引自:https://image.baidu.com。

能化,使得富勒烯成为在太阳能电池应用中的一种理想的受体材料(图4[*])。

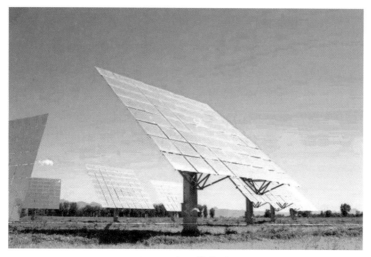

图4 太阳能电池

修饰电极。与传统材料修饰的电传感器相比,富勒烯材料修饰的电极具有非常多的优点。例如,可重复利用,生产工艺简单,可有效增加电极的活性表面积等。

稳定金属原子的催化活性。富勒烯可以作为一类新的催化剂材料的基础。以富勒烯分子为基础材料,然后通过前面提到的"开孔反应",将一些已知具有催化性能的金属原子放入富勒烯分子的中心空隙中。在这一类催化剂中,具有催化活性的原子被外面的富勒烯分子很好地保护起来,因此在保证高的催化活性的同时又具有超高的稳定性。

高级润滑剂的核心材料。纳米足球C_{60}分子是所有分子中最圆的,而且C_{60}的结构又使其具有特殊的稳定性。从一个分子的角度看,单个C_{60}分子是异常坚硬的,这使得C_{60}具有优良的自润滑性,有成为高级润滑剂核心材料的潜力。因此在润滑油中添加一定量的C_{60},可以显著改善流体润滑体系、固体润滑体系摩擦性能,可使体系的摩擦系数减小、磨损率减小、硬度增大,从而优化摩擦性能。

实现不规则形状表面的金刚石薄膜制备。富勒烯材料还有一个独特性质,那就是它们在较低温度下升华,对于C_{60}分子,其升华点大约是600 ℃,这

* 图片引自:https://image.baidu.com。

使得富勒烯在不规则形状表面上的气体沉积覆盖相对来说很容易实现。这也是它们可作为金刚石薄膜生长的均匀成核位置的重要原因。另外，由于富勒烯非常容易溶解在有机溶剂中，因此我们可以把想覆盖的不规则表面直接浸泡在含有富勒烯的溶液中，待溶剂挥发之后，就只剩下一层富勒烯分子的薄膜了。金刚石薄膜在军事方面具有许多应用价值，如作为装甲车表面的抗冲击覆盖层，以保护装甲车。

神奇的储气罐。 由于C_{60}分子的结构非常特别，它可以用来制作高效的吸氢材料。中国和美国的科学家共同研究发现了一种新型的具有储存氢气能力的材料"C_{60}+Ca"，它不仅能存储氢气，还能存储氧气，更为重要的是，C_{60}储存气体是在低压条件下实现的。这种在低压条件下用C_{60}存储的大量的氧气对于军事、医疗等领域都有巨大的作用。

超导体家族又增一员作为一种特殊结构的碳材料，美国科学家贝尔发现在C_{60}中掺杂活泼的金属原子钾之后，可以得到临界温度为18 K的超导材料K_3C_{60}。这种富勒烯超导体最大的优点在于这种化合物容易加工成所需要的各种形状；同时由于它是三维分子超导体，各向同性，使得电流可以在各个方向均等地流动。良好的性质和潜在的高临界温度为富勒烯超导体的应用创造了条件。

美美的化妆品。 C_{60}具有清除活性氧自由基、活化皮肤细胞、预防衰老等作用。Mcewen等首次提出了"维他命C_{60}自由基海绵"的概念，C_{60}分子对自由基的清除能力能够像海绵一样，吸收力强且容量超大。日本科学家Takada等研究发现，C_{60}可以迅速捕捉自由基分子。21世纪以来，富勒烯开始被用作化妆品原料，具有抗皱、美白、预防衰老的卓越价值，成为备受瞩目的尖端美容成分。许多高端品牌护肤品含有富勒烯成分。

作药物载体显神通。 富勒烯作为碳纳米材料中的重要一员，其特殊的分子结构决定了其拥有更特殊的物理化学性质，其良好的生物相容性、易反应的活性表面及其作为纳米粒子拥有的大比表面积、小尺寸效应，使其在生物医学领域被广泛地应用于药物载体研究。

富勒烯作为药物输运载体用于协助抗肿瘤药物在体内的吸收分布有着得天独厚的优势。首先，富勒烯作为碳纳米材料中的一种，为非极性分子，具有亲油性，在生物体内可以直接透过组织细胞膜；并且和其他纳米材料一样，可以经组装修饰成纳米粒子，通过增强的渗透和滞留效应优先积聚在肿瘤组织中,如图5*所示。其次,富勒烯碳笼结构使其拥有大的比表面积,在其表面上可以同时接上不同的基团。经过功能改性后不仅可以提高其生物相容性、增强其在生物体内的靶向性、实现其对药物的缓释控释,还可使其作为药物载体拥有更大的负载量。

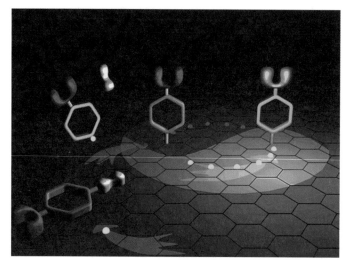

图5　富勒烯表面修饰

在旁人眼里,富勒体的发现历程几乎神奇。本来应由化学家们最早得到的富勒体分子,最后却由建筑师意外地揭开了其神秘的面纱。令 C_{60} 的发现者们醉心的完美结构,竟然是我们再熟悉不过的"足球"! 这样团簇与建筑学家、足球与分子结构的这些表面上看起来风马牛不相及的事情,就在这里奇妙地融为一体了。让人惊叹的同时,体现了一种天地之间,宏观、微观的统一与和谐。

材料基团组工程

——材料研发模式的创新与变革

张金仓[*]

什么是材料基因组技术

突破传统材料研发过程中的"炒菜法"循环试错模式,提高新材料的研发效率,一直是全球科学家长期以来的梦想。早在2002年,我国著名科学家冯端、师昌绪等人在《材料科学导论:融贯的论述》中就提出了"材料设计"的思想,并勾画了以成分、结构、性能及理论计算为思路的八面体构效关系(图1[1]),旨在从原子的性质、排列以及晶体的结构、缺陷决定材料性能的思想出发,寻找和建立材料从原子排列、相结构、显微组织形成到材料宏观性能与使用寿命之间的相互关系。同年,美国宾夕法尼亚州立大学材料系华裔科学家刘梓葵教授首先提出了"材料基因组"(Materials Genome)这一名称概念。直至2011年6月,美国第44任总统奥巴马在卡耐基·梅隆大学做的以"先进制造业伙伴关系"为主题的演讲中正式发布了美国的《先进制造伙伴关系计划》(《Advanced Manufacturing Partnership》, 简称AMP),作为这个计划一部分的"伙伴计划"之一,正式启动了《为强化全球竞争力的材料基因组行动规划》(《Materials Genome Initiative (MGI) for Global Competitiveness》,简称材料基因组计划)[2]。在该计划中,提出了旨在将新材料研发周期缩短一半、成本降低一半(Half Time and Half Cost)的材料研发目标,以提高美国先进制造及21世纪的经济竞争力。

---

* 张金仓,上海大学材料基因组工程研究院。

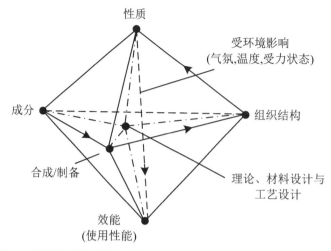

图1 以材料成分、结构、性能及理论计算为思路的八面体构效关系

材料基因组技术的核心是通过计算技术、实验技术和数字化数据技术三者的有机结合(图2),加速新材料发现和应用的周期。可以看到,首先,材料基因组完全是一种新的材料研发思想,其内涵在于革新材料研发理念,突破传统材料科学研究中以大量经验积累和循环试错为特征的"经验寻优"方式,实现科学化的"系统寻优";其次,材料基因组实质上是现代信息技术高度发展与材料科学有机结合、高度融合的产物,将现代人工智能、大数据技术应用与材料研发过程相结合,并以此为基础发展材料计算、算法与软件,包括云计算和高通量集成计算,在此基础上人们建立所谓的"材料信息学""集成计算材料学"等分支学科;最后,在实验技术方面,集成了数字化自动化技术、微电子技术的利用,在材料制备、表征和使役行为研究的基础上,发展材料芯片和同步辐射光源等大型科学装置利用的高通量实验技术。总之,材料基因组将充分利用现在信息技术手段并发展高通量的材料实验方法与技术,以革新材料科学的研究模式,促进材料科学研究的创新,实现材料设计的目标。

提到材料基因组,人们可能会联想到人类基因组计划。材料基因组计划的提出应该是人们借鉴人类基因组计划的思路所产生的,或者是通过借鉴"人类基因工程"成功经验的启发,并且结合集成电路芯片的设计思路产生的。早在1995年,华人学者项晓东就在一块基底上通过精妙设计,发展了以薄膜技术制备的"组合材料芯片"。[3]目前,人们可以任意元素为基本单元,组合、集成、制备并且快速表征以多种成分、结构和物相为代表的高通量组合材料。图3为材料基因与人类基因比较的示意图,两者在高通量实验与筛选上,都采用了不同的芯片技术,即材料芯片与生物芯片。

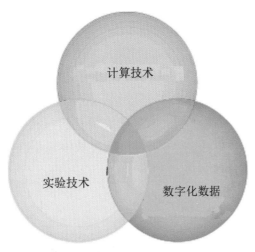

图2 材料基因组三大核心技术

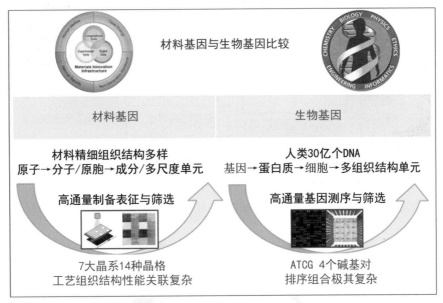

图3 材料基因与人类基因比较的示意图

总之,材料基因组提出了一种材料研发新模式、新方法、新理念,是材料研发从传统的循环试错向按需设计模式的大变革。传统的循环试错依赖于科学直觉与试错的"炒菜式"材料研究方法,日益成为社会发展与技术进步的瓶颈。革新材料研发方法、加速材料从研究到应用的进程成为世界各国科学家共同追求的目标。包括信息技术在内现代技术的高速发展,为材料科学的研究提供了全新的工具和技术,使得变革和提升材料研发技术成为可能。图4为材料科学研究范式的时间发展变化图谱,可以看到,随着时间的发展,会出现新研究方法的出现和变革,而这些变革都是不同时期科技发展的积累和变化所导致的。材料基因组只是一个名称和叫法,虽然科学家们对此有不少争议,但我们更应该关注的是它的内涵和实质。无疑材料基因组的提出正是这种在21世纪现代科技发展催生下科学研究新范式的体现,是材料研发模式的一种创新和变革。

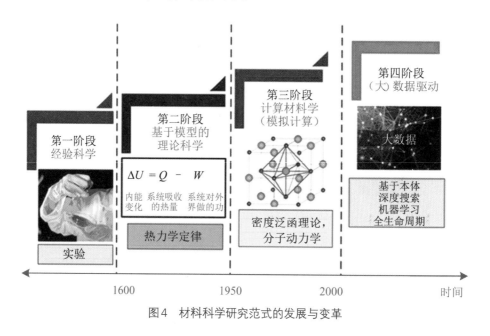

图4　材料科学研究范式的发展与变革

信息与数据科学在材料研发中的驱动作用

材料基因组的创新和变革模式的主要体现之一就是信息与数据科学在材料研发领域的应用。从现代信息与数据科学角度,这里包括几个环节:一是材料数据库建设,包括从计算、实验和生产过程多方面的数据获得和汇集,从材料制备、加工处理、工艺过程到生产过程、检测、测试和表征等环节的数据,在搜集基础上建立材料数据库;二是建立数据标准与数据库标准,这个应该是在建立数据库之前需要完成的,以便无论是在数据的搜集、采集,还是后面的检索、利用,都需要有一个规范化的标准;三是数据的处理和利用,包括利用现代人工智能与大数据技术,在机器学习、数据挖掘诸方面开展深入工作,实现从材料数据库到知识库的转化过程,进而实现材料的逆向设计工程,预测和发现新材料、新物性与新应用。这催生了数据科学与材料科学相交叉的"材料信息学"的诞生。上海大学材料基因组工程研究院张统一院士等提出将从数据科学、互联网、计算机科学与工程、数字技术到材料科学与工程等新兴领域所获得的技术、工具和理论,来加速材料的发现和制造技术的创新。[4]材料信息与数据科学的应用,就好像有一个材料数据加工厂,以数据为"原料",其产出就是新材料成果,从而实现了数据驱动新材料研发的理念。图5为2006年科学家描绘的数据在整个过程中的作用卡通画,可以体现数据驱动科学的重要意义。

图5　形象表示数据在整个过程中的作用卡通画

高通量实验技术的理念与方法

高通量实验技术的诞生可归为现代新型科学技术在材料实验方法上应用的结果。这里,包括在材料制备技术和表征技术上所提出的高通量概念和方法。随着微加工与制备技术的发展,借助于生物基因和微电子技术概念的启发,早在1995年,科学家们就利用薄膜技术,一次生长制备出了几十个到几百上千个不同成分材料单元的样品,这就是"材料芯片"。这样,在本质上实现了从传统的一次制备一个材料上升到一次制备多个材料,即从单个样品反复试错的"串行"实验研究模式,转变为一次多个样品的"并行"实验研究模式,即材料基因组所提出的"高通量"理念,从而实现材料研究从"慢"到"快"的加速过程。图6为从材料传统研究方法与材料基因组高通量方法的比较示意图,图7为上海大学材料基因组工程研究院的高通量特种合金全流程集成实验系统。如今,由于各类未加工技术和类似同步辐射光源等大型科学装置的发展和在材料科学研究中的应用,使得高通量表征也成为可能。同时,与自动化技术的结合,高通量实验技术也成就了"材料数据工厂"的诞生,使得材料海量化的获取和聚集成为可能。

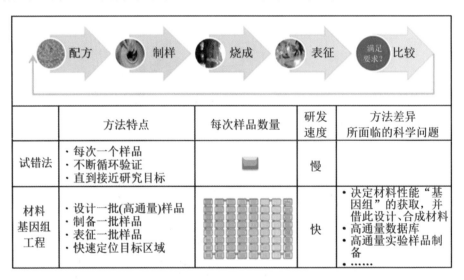

图6 材料传统研究方法与材料基因组高通量方法的比较

图7 上海大学材料基因组工程研究院的高通量特种合金全流程集成实验系统

在这里,还要强调一下材料基因组中材料计算、实验和与数据科学的融合问题。我们不单独赘述材料计算技术,因为计算材料从方法上没有多少创新,只是现代计算技术和相应软件技术的发展,使得"高通量""集成计算"成为可能,使得计算能力和速度大大提升。材料基因组的理念之一就是建立数据、计算和实验全链条的理念,高通量计算和高通量实验都具有材料数据工厂的特征,所产生的大量数据进入材料基因组数据库系统,实现数据的规范化和搜集、加工、处理到利用的功能。当然,这里的数据来源包括计算、实验和生产过程,继而,在人工智能大数据技术框架下,进行机器学习和数据挖掘。同时进行这一过程结果的检验验证,直至达到预测和发现新材料、新性能、新应用的目标。当然,这里需要实验、产业到应用过程对预测和发现结果的检验验证。

展 望

综上可以看到,材料基因组是变革传统的"炒菜法"材料研发模式,以新材料发现和产业应用为导向的全新材料研发理念。它以信息和数据科学为驱动,通过高通量实验和材料计算模拟,提供海量的基础数据,建立材料基因组数据库,通过机器学习和数据挖掘技术,结合计算技术预测和发现新材料、新物性、新应用;同时,高通量实验可为材料模拟计算和基于数据科学的人工智能预测和新材料发现的结果提供实验验证,即要在"数据驱动"下通过"多学科融合"实现材料研发的"加速"与成本控制。材料基因组技术可比肩,甚至超越"人类基因组计划"所取得的成就。材料基因组工程正在成为推动材料创新的引擎,将以全新的理念和方法革命性的推动先进制造业的发展。

参 考 文 献

[1] 冯端,等.材料科学导论:融贯的论述[M].北京:化学工业出版社,2002.

[2] Holdren J P. Materials Genome Initiative for Global Competitiveness[R]. Washington D C: NSTC, 2011.

[3] Xiang X D, Sun X, Briceño G, et al. A Cmbinatorial Aproach to Mterials Dscovery[J]. Science, 1995,268: 1738.

[4] 李剑.一文读懂材料信息学[EB/OL].[2020-6-14].https://zhuanlan.zhihu.com/p/148257950.

锑化物超晶格

——黑暗中的捕光者

蒋洞微　徐应强[*]

"隐形的光线"——红外线

自然界中任何高于绝对零度的物体,都会释放电磁波,且温度越高,辐射的电磁波波长就越短。按照波长或频率的顺序把这些电磁波排列起来,就是如图1所示的电磁波谱。电磁波按频率由高至低可分为γ射线、X射线、紫外线、可见光、红外线、无线电波(分为长波、中波、短波和微波)以及工频电波。其中宇宙射线(X射线、γ射线和波长更短的射线)波长最短,无线电波波长最长。每个波段的射线都有其应用。例如,无线电波主要用于通信,微波用于微波炉,红外线用于遥控、热成像仪、红外制导导弹等,可见光是大部分生物用来观察事物的基础,紫外线用于医用消毒、测量距离、工程探伤等,X射线用于CT扫描,γ射线用于放射性物质检测、治疗肿瘤等。

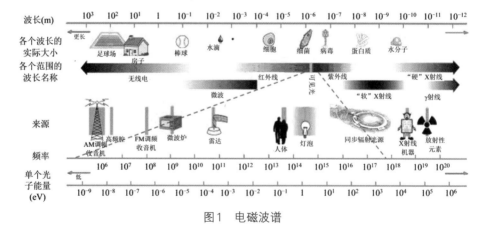

图1　电磁波谱

---

*　蒋洞微、徐应强,中国科学院半导体研究所。

在电磁波谱中,波长为0.75~1000 μm时,介于可见光和微波之间,是人无法通过肉眼看见的红外线,世界上所有的物体都能辐射红外线。红外线最早是由英国物理学家赫谢尔(W. Herschel)于1880年在观察太阳光棱镜的热效应实验中发现的。[1]赫谢尔通过棱镜将太阳光进行折射,发现太阳光经折射后,在可见光以外的区域也存在温度升高的现象,从而推断出存在一种不可见的光线——红外线(图2(a))。接下来的一个多世纪,对红外线的研究使得人们增大了对世界的认知。任何物体都具有不断辐射红外线的本领,且辐射出去的红外线在各个波段的强度是不同的,具有一定的分布性。这种光谱强度的分布与物体的温度以及本身特性相关,我们称为热辐射。图2(b)所示为不同温度物体辐射的电磁波谱强度分布。如0 ℃左右的海水,它的峰值辐射红外线波段为11 μm;20 ℃左右的人体或飞行器壳体,其峰值辐射的红外线波段为9.84 μm;500~1000 ℃的飞行器尾焰,其峰值辐射的红外线波段为3~5 μm。因此,无论在民用还是军事上,对红外线的捕捉都有着极其重要的应用。

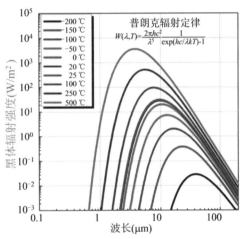

(a) W. Herschel 发现红外线　　　(b) 不同温度物体辐射的电磁波谱

图2　红外线及电磁波谱

捕光能手——锑化物超晶格红外材料

我们把捕捉红外线的"捕快"统称为红外探测器。目前最新一代的"捕快"是基于锑化物超晶格材料的红外探测器。Sai-Halasz等[2]科学家于20世纪70年代首次提出超晶格概念。如图3(a)所示,该超晶格由砷化铟(InAs)与锑化镓(GaSb)两种化合物半导体材料以数个到几十个原子层交替叠加生长若干周期而成,形成一个二维周期性结构。多层薄膜的周期可以在生长时人为控制,因而得到了人造的晶体结构,即锑化物超晶格。这种人造超晶格有着独特的能带结构,如图3(b)所示。其能带结构是断开型的,电子和空穴分别被限制在InAs与GaSb层中。我们可以通过调节InAs或者GaSb的原子层数来控制超晶格的能带宽度,从而实现材料具备不同的"捕光"性能,进而实现对整个红外线光谱的探测。

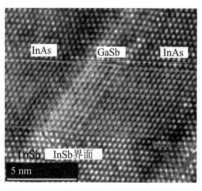 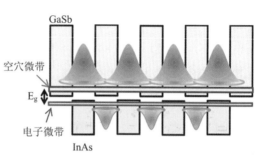

(a) InAs/GaSb超晶格原子级观测结构　　　　　　　(b) 能带结构

图3　超晶格结构及其能带结构

锑化物超晶格材料体系其实是一个庞大家族,除了前面提到的用InAs与GaSb组成的超晶格外,还可以用晶格大小约为6.1 Å(1 Å=10⁻¹⁰ m)材料家族的其他成员,两两组合,甚至三种材料按照上述超晶格定义进行人工合成,形成新的超晶格材料。6.1 Å材料家族如图4所示,在半导体技术中十分重要。它包括3个晶格常数彼此匹配的化合物半导体:InAs(a=6.0584 Å),GaSb(a=6.0959 Å)和AlSb(a=6.1355 Å)。上述6.1 Å族化合物半导体材料的各种组合,可以形成多种多样的锑化物超晶格结构,从而实现对整个红外波段的探测。

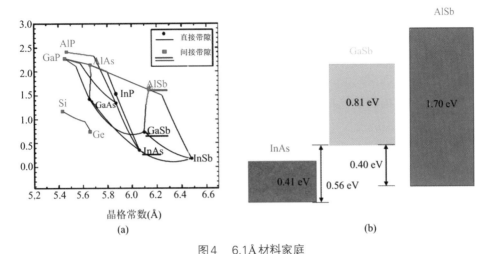

图4 6.1Å材料家庭

（a）InAs、GaSb、AlSb与其他半导体的带隙与晶格常数比较;（b）InAs、GaSb与AlSb能带图

锑化物超晶格红外探测器应用

红外探测作为黑暗中的捕光者,在民用与军事方面有着广泛应用,如医学的疾病检测,环境的空气质量监测、测温、矿藏探测,工业探伤以及军事方面的导弹制导与夜视等。

环境的空气质量监测。随着人们对生活质量的提高,对生活环境的检测也越来越得到重视。在大部分空气质量监测的设备中,用得最广泛的是红外探测设备。其对空气质量监测的原理是:当红外辐射光源所辐射出的光子通过所监测的气体分子或其他颗粒分子时,红外线被介质中的振动的化学键吸收。被吸收波长或被吸收的能量取决于该气体分子或其他颗粒分子中的化学键的结构,不同物质有各自的吸收特性。特定波长的红外线被吸收后,其余波长可顺利通过监测气体到达红外探测器,从而检测到特定的分子,并且确定气体分子的浓度。锑化物超晶格红外探测器可对2.5~15μm范围内的气体分子进行有效探测,今后将在炼油厂、钻井平台、加油站、化工厂、LNG/LPG液化气储存罐、隧道、矿井等环境下有着极其重要的应用,可以使更多的事故防患于未然。

造福人类健康——红外设备的医学应用。红外探测器在医疗方面也得到越来越多的重视,主要用于诸多疾病的红外医疗检验。那么对疾病的红外检测是如何实行的呢? 研究表明,人体中的化学物质和气体可以通过人的呼吸被发现[3~4]。人们呼出的气体包括CO_2、O_2、N_2、H_2O等，是一种复杂的混合体。这些气体伴随着人体机能的调节，并对一些与生物标记有关的化合物成分进行跟踪。基于此机理，人们研究出一种呼吸分析器，对呼出的气体进行红外检测，作为一种非侵入性对人体无损的诊断性测试，从而判断是否存在特定的疾病的可能性。表1是与健康条件相关的呼吸气体中的生物标记以及红外吸收[5]。

表1　与健康条件相关的呼吸气体中的生物标记以及红外吸收

分子	健康条件	波长(μm)
NO	哮喘	5.2
$^{13}CO_2/^{12}CO_2$	溃疡	4.3
NH_3	肾功能	6.0
COS	肝功能	4.8
C_2H_6, etc	乳腺癌	3.3
C_3H_6O	糖尿病	3.4
COS	器官排斥	4.8
CS_2	精神分裂	6.7
C_2H_6	氧化应激	3.4
CH_2O	乳腺癌	5.7
C_2H_4O	肺癌	5.7

此外，红外探测器通过红外成像在医学方面可以直接扫描出生物各个病原体的特征，从而能够进行疾病检测，如乳腺癌、SARS发热、前列腺炎、脊椎扫描、全身扫描、皮肤癌、血管检查等。如图5所示[6~7]，红外成像是目前乳腺癌检测的最有效方式。这类检测方法的好处是简便快捷，且是一种对人体无损伤无接触式的检测，因此其发展前景也是巨大的。

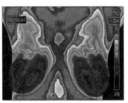

正常影像

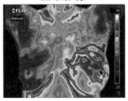

异常影像

医疗应用:

SARS发烧筛查
乳腺癌
前列腺炎
脊柱筛查
皮肤癌
慢性疼痛
血管检查
动物研究
夜间病人观察
心脏直视手术
烧伤深度评估

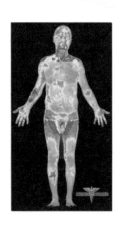

（a）乳腺癌成像[6]　　　　　　　（b）红外人体扫描[7]

图5　红外成像在医学上的应用

红外探测设备在防控新冠肺炎中的应用。2019年末开始,新冠肺炎席卷中国,随后又成为全球性的流行病。随着新冠肺炎持续蔓延,隔离发病和潜伏期患者是遏制疫情的重要手段。在机场、火车站、地铁、商场、学校等人流密集的公共场所监控疫情成为不可缺少的需求。病毒性传染病的一个普遍特征是人体发热,因此,适用于密集场所的红外体温检测设备需求大增。红外测温的原理如图6所示,通过红外传感器收集被测目标的红外辐射信号,该信号经过放大器和信号处理电路处理,并按照一定的算法和目标发射率校正后,最终转变为被测目标的温度值,实现测温的目的。

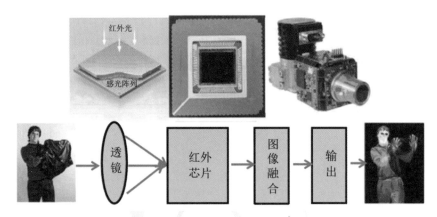

图6　红外成像系统基本组成部分

目前市场上部分红外成像设备可满足10 m距离下,对各公共场合多位行人进行批量无感监测筛查,测温精度优于±0.1 ℃。相较于手持式体温检测设备,这种红外成像设备更方便、快捷,也更安全。 图7[8]所示为疫情防护期间,通过红外成像仪对复工人员进行的人体体温检测,方便快捷有效。

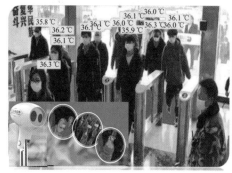

图7　红外成像测温实时监控

红外探测器的军民两用。民用方面,使用红外成像设备,可以通过观察物体的温度变化,诊断出所研究物体的很多信息,避免对物体进行接触式研究。图8(a)显示了一个火灾现场图,上图是红外成像,下图是普通相机拍摄画面。通过红外成像的辅助,有利于消防队员对火灾现场进行判断,更好地进行灭火营救工作。图8(b)是一个食品安全检查,在一个冷藏柜中检验出发生质变的鸡肉。图8(c)是在一个变电站中,检查是否存在电线防护套的破损或腐蚀。电网系统中,对高压线线路的检测也是通过红外探测进行的。目前,没有一种检测方法比红外检测更加简便、安全和可靠。

（a）火灾现场　　　（b）食品扫描　　　（c）电网检测

图8　红外成像的应用

军事方面,红外成像应用广泛,常见的包括导弹制导、夜视以及目标追踪等。对于红外夜视,可以使得军队人员在黑夜无光环境下,清晰看清周围环境,在战斗中占得先机,如图9(a)所示。在导弹制导方面,近程的导弹一般采用红外制导,远程导弹采用雷达、GPRS以及红外综合制导。图9(b)是导弹制导示意图。红外制导有诸多优势,如无源探测、高灵敏度、高分辨成像特性;光学系统结构简单,使得成本低、重量轻、功耗少以及体积小;抗干扰性强等。此外,红外预警系统也成为这些年来各国的研发重点。红外预警系统主要是为了探测在低空以及超低空飞行的高性能飞行器,以及与其他预警系统一起,共同承担着对各类导弹的预警,对目标进行识别、追踪以及拦截。

(a) 红外夜视   (b) 红外制导

图9 红外成像在军事中的应用

综上所述,高性能红外光电探测器作为黑暗中的捕光者,已经进入第三代红外探测器的发展阶段。第三代红外探测技术将极大拓展红外探测器件在现代军事装备及信息化工业社会中的应用领域。锑化物超晶格红外材料以其独特的红外技术特征成为目前国际上公认的第三代红外探测材料,但同时也面临一定的技术挑战。但不置可否,锑化物超晶格红外探测器的实验室研究及产业化都具备广阔的前景。

参 考 文 献

[1] Herschel W. Experiments on the Refrangibility of the Invisible Rays of the Sun[J]. Philosophical Transactions of the Royal Society of London, 1800, 90 (255):83.

[2] Sai-Halasz G A, Tsu R, Esaki L. A New Semiconductor Superlattice[J]. Applied Physics Letters, 1977, 30(12): 651-653.

[3] McCann P, Namjou K, Roller C, et al.IV-VI Semiconductor Lasers for Gas Phase Biomarker Detection[R].Chemical and Biological Sensors for Industrial and Environmental Monitoring III. Boston, MA, USA, 2007.

[4] Dumitras D C, Giubileo G, Puiu A. Investigation of Human Biomarkers in Exhaled Breath by Laser Photoacoustic Spectroscopy[R]. Advanced Laser Technologies. Rome and Frascati, Italy: SPIE ,2005.

[5] Anderson J E, Hansen L L, Mooren F C, et al.Towards Personalized Medicine[J]. Drug Resistance Updates, 2006,9 (4/5): 198.

[6] http://www.breastthermography.com/breast_thermography_ proc.htm.

[7] http://medicalir. com/medical-infrared-imaging-resources/medical-infrared-imaging-general-information/32-medical-infrared-thermology.

[8] http://www.guideir.cn/product/detail/id/9.html.

隐 身 材 料

——让"隐身"不再局限于科幻

相恒学　杨利军　翟功勋　耿雅奇　朱美芳[*]

隐身材料的初露锋芒

隐身技术在大众眼中可谓是通天之能,物之隐者可盾其形、匿其貌,行常理不及之事。然而在科学的认知领域,隐身技术却有一个严谨的定义。科学意义上的隐身技术包括外形隐身、材料隐身和电子对抗隐身,都是通过吸收或损耗电磁波能量来实现隐身的目的。其中,材料隐身是指利用吸波材料来吸收、探测电磁波的一种隐身技术,是目前最重要的隐身途径。按照频谱可分为声、雷达、红外、可见光、激光隐身材料。其中雷达隐身材料,即雷达吸波材料在当今隐身材料领域具有重要的应用和不可替代的实用价值。

20世纪90年代的海湾战争,战机"夜鹰"一战成名,成为唯一一种可避开伊军雷达监视、突破密集防空火力的战机。"沙漠风暴"行动中,美军先后共出动了45架F-117A(图1),对伊拉克实施大规模的精准打击和目标摧毁。随后的科索沃战争中,以"夜鹰"为首的美国空军再次发挥了隐身突防、精确打击的出色性能,展示出强大的制空能力,让世界为之惊叹。究竟是什么能让一架飞机的战斗力和打击力提升百倍,所向披靡,凌越众尖端武器之上,答案就是隐身材料。在战机的表面搭载这种隐身材料就能够有效地逃避雷达的探测、定位,从而顺利地躲避反导拦截,实现自身生存能力的提升和战斗力的增强。隐身材料在飞机上的应用让美国在20世纪的众多战争中处于有利的地位,可谓是当时战争的"杀手锏"式武器。

---

* 相恒学、杨利军、翟功勋、耿雅奇、朱美芳,东华大学材料科学与工程学院。

图1　美国F-117A攻击机*

　　隐身材料的初露锋芒迅速地吸引了世人的眼球,在世界各国的军事领域引起轩然大波,一度成为炙手可热的科研攻关对象。可以说隐身材料在军事上的使用意义是深远的,对新型战略材料来说,也是一个新的值得研究的高科技领域,成为研究焦点是必然的趋势。想必看到这里你会好奇这么厉害的材料是怎么制备的呢? 背后的科学原理又是什么呢? 下面就带大家一起去揭秘吸波隐身材料的神秘面纱。

吸波隐身材料的"隐身"原理

　　当一束电磁波入射到吸波材料表面时,通常会产生三种信号:一是电磁波在吸波材料表面进行反射,二是射入材料内部被吸收,三是透过吸波材料继续传播,其作用原理如图2所示。部分入射的电磁波会在吸波料表面发生反射;未反射的部分则会进入到材料内部;入射到材料内部的电磁波由于吸波材料的介电损耗或磁损耗转化为热能损耗掉,或因干涉作用而被衰减掉。吸波材料的吸波性能越好,射入材料内部的电磁波会被尽可能多地损耗,从而减少电磁波在表面和内部的反射和透射,以此来达到电磁隐身的目的。

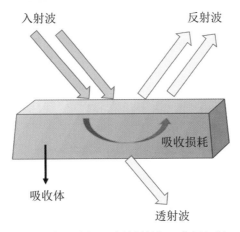

图2　电磁波与吸波材料的相互作用机制

　　通常,吸波材料可根据其对进入材料内部的电磁波的损耗机制不同分为三种:介电损耗、磁损耗和干涉损耗。以介电损耗为主的吸波材料一般具有较高的介电常数、较大的介电损耗角;而磁性吸波材料一般具有较大的磁损耗角,通过铁磁共振损耗来吸收大量的电磁波。而在实际制备吸波隐身材料时,为了使材料满足宽频、高强度的吸波要求需要对材料的介电性能和磁性能进行相互的阻尼匹配,使二者相得益彰,协同贡献,以达到最优的吸波效果。

　　介电损耗。电介质材料通过自身作用将入射电磁波能量转化为热能的损耗机制,称为介电损耗。当电磁波进入材料内部,载流子会在电场的作用下产生宏观电流,从而将电能转化为热能损耗掉。理论上来讲,材料的电导率越大,产生的电流越强,电导损耗能力越强。但事实上,当材料电导率较高,而颗粒尺寸过大时($>30\ \mu m$),电磁波只能分布在铁磁材料表面薄层而不能进入内部,使得材料成为反射体,发生所谓的趋肤效应。对于吸波材料的制备应该重点考虑这种趋肤效应对吸波性能的影响。

　　磁损耗。磁损耗是指在交变电磁场中的损耗机制。主要包括磁滞损耗、涡流损耗和剩余损耗等。磁损耗是依靠磁极化机制来吸收、衰减电磁波的。具有磁损耗的典型吸波材料有铁氧体、磁性金属合金和磁性金属等。

　　磁滞损耗是利用磁畴的不可逆转动或畴壁的不可逆转位移产生的磁感应强度的变化落后于磁场强度变化实现的,该现象称为磁滞效应。磁损耗与材料性质、瑞利常数和磁导率有关。

涡流损耗是指铁磁体处在交变磁场中,其内部的磁通量及磁感应强度将随交变磁场发生改变,从而产生一个环形感生电流垂直于磁通量,该电流称为涡流。反之,这种涡流又会激发影响原磁通量变化的磁场,从而引起铁磁体的实际磁场始终滞后于外加磁场,导致磁化滞后效应,在此过程中,复磁导率也会受到涡流的影响。由于涡流的产生,导体材料会发热,导致能量损耗。

剩余损耗是指除了上述两种损耗以外的其他损耗部分,主要是由畴壁共振和磁后效损耗产生的,外加磁场的振幅、频率及吸波材料的弛豫时间决定了剩余损耗的大小(图3[*])。吸波材料的电磁损耗越大,电磁波吸收性能越佳。

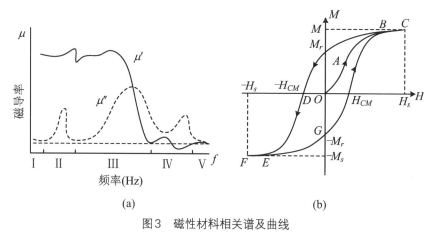

图3　磁性材料相关谱及曲线

(a)磁性材料磁导率随频率变化的典型图谱;(b)磁性材料的磁滞回线

干涉损耗。当电磁波垂直入射进入吸波材料后,一部分未被损耗掉的电磁波会在吸波材料与自由空间之间的表面形成反射,记为反射波 R_1。相同的,在吸波材料与 PEC(一种基底材料)之间的表面形成反射,记为反射波 R_2。若能使 R_1 与 R_2 的相位差为180°,振幅相等即可发生干涉相消,从而达到衰减电磁波的目的。实际操作中可以通过调整吸波体厚度 d 来实现,即使

---

* 数据来源:吴楠楠.磁性纳米复合材料的制备及其电磁波吸收性能[D].济南:山东大学,2019.

吸波厚度 $d = n\lambda/4$，n 为奇数（图4*）。

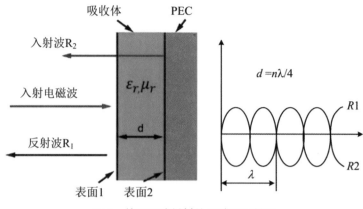

图4 单层吸波材料的干涉匹配模型

因此，无论是吸波材料的阻抗匹配，还是材料对电磁波的衰减情况，均与吸波材料的电磁参数密切相关，因此在设计一个吸波性能良好的电磁波吸收材料时，需要综合考虑材料的阻抗匹配及衰减特征。

吸波隐身材料的应用

1. 国防军工、航空航天领域

军事隐身领域乃吸波材料的重要应用领域。随着军事高新技术的飞速发展，世界各国防御体系的探测、跟踪、攻击能力越来越强。陆、海、空各兵种面对军事目标的生存能力以及武器系统的突防能力日益受到严重威胁。吸波材料作为一种重要的功能材料在远程洲际导弹上也有重要的应用价值和应用前景，可大大提高洲际导弹的打击能力和抗反导拦截能力。军队的野外宿营帐篷、丛林战衣等，赋予吸波隐身功能后，都可以有效躲避雷达探测，提高野外军事作战能力。此外，战机上的吸波材料能够让战机有效避开雷达波的探测，干扰高灵敏机载雷达假截获或假跟踪。

在航空航天方面，用于雷达或通信天线、导弹、飞机、飞船、卫星等特性阻抗和耦合度的测量、宇航员用背肩式天线方向图的测量，以及宇宙飞船的安装、测试和调整所用的微波暗室必须要使用超强吸波材料制备等，以消除

* 图片来源:沈俊尧.碳纳米管膜/磁性金属纳米线吸波材料制备与研究[D].哈尔滨:哈尔滨工业大学,2019.

外界杂波干扰,提高测量精度与效率。在探测雷达或通信设备机身、天线和周围一切干扰物上涂覆吸波材料,则可使它们更灵敏、更准确地发现敌方目标。在雷达抛物线天线开口的四周壁上涂覆吸收材料,可减少副瓣对主瓣的干扰并增大发射天线的作用距离,对接收天线则起到降低假目标反射的干扰作用。在卫星通信系统中应用吸收材料,将避免通信线路间的干扰,改善星载通信机和地面站的灵敏度,从而提高通信质量。图5列举了吸波材料在国防军工航空航天等领域的应用场景。

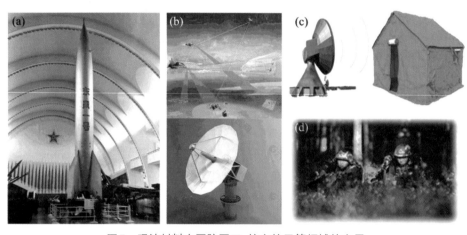

图5　吸波材料在国防军工、航空航天等领域的应用

(a) 吸波材料在东风洲际导弹上的应用;(b) 在雷达搜索和隐身战机的反侦察中的应用;
(c) 在野外宿营军工帐篷中的应用;(d)在野外作战衣中的应用

2．工业、科学和医疗等领域

随着电子科学技术的迅猛发展,电磁辐射带来的电磁污染、电磁干扰、泄密等问题,不仅影响通信等电子设备正常工作,对人体健康也存在隐患。特别是随着5G时代的到来,毫米波穿透力差、衰减大,覆盖能力会大幅度减弱,因此5G对信号的抗干扰能力要求很高,需要大量的电磁屏蔽器件。此外,科学技术和电子工业的高速发展使各种数字化、高频化的电子电器设备服务于人民的生产和生活,然而这些设备在工作时向空间辐射了大量不同波长的频率的电磁波,产生大量的电磁波干扰(Eletromagnetic Interference, EMI)和射频或无线电干扰(Radio Frequency Interference,RFI)。与此同时,电子元器件也正向着小型化、轻量化、数字化和高密度集成化方向发展,灵敏度越来越高,很容易受到外界电磁干扰而出现误动、图像障碍以及声音障碍

等。这些电子器件和设备在工作时,会对周围的电子设备造成干扰,最明显的例子就是机器内的二次杂波问题。二次杂波会带来机器、设备内部程序的紊乱,使科学实验和医疗检测结果出现较大偏差,给科研和生产带来阻力,甚至危害人类的健康安全。因此对工业、科学和医疗设备的电磁辐射的防护十分必要。图6列举了吸波材料在工业领域的应用场景。

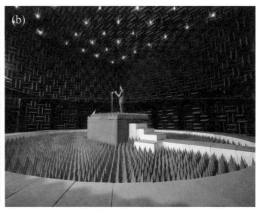

图6　吸波材料在工业领域的应用

(a) 电磁兼容芯片;(b) 苹果公司为测试电磁兼容设备建立的微波暗房;
(c) 5G 时代毫米波在城市中的信号传输

国际组织提出了一系列技术规章,要求电子产品符合严格的磁化系数和发射准则。符合这些规章的产品称为具有电磁兼容性EMC(Electromagnetic Compatibility)。对实际应用而言,采用EMI屏蔽用的吸波材料是一种有效降低EMI的方法。针对不同的干扰源,在考虑安装尺寸及空间位置后选择最优的吸波材料,就能保证系统达到最佳的屏蔽效果。

3.民用防护领域

在民用防护方面,吸波材料能够有效屏蔽电子设备带来的辐射危害,保护人体的健康。将吸波材料应用于各类电子产品,如电视、音响、VCD机、电脑、游戏机、微波炉、移动电话中,可以使电磁波泄露值降到国家卫生安全限值($10\ \mu W/cm^3$)以下,确保人体健康。将其应用于高功率雷达、微波医疗器、微波破碎机,能保护操作人员免受电磁波辐射的伤害等(图7)。

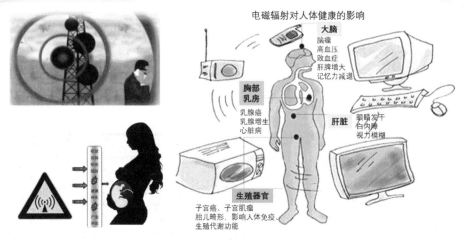

电磁辐射对人体健康的影响

大脑
脑瘤
高血压
败血症
肝脾增大
记忆力减退

胸部乳房
乳腺癌
乳腺增生
心脏病

肝脏
眼睛发干
白内障
视力模糊

生殖器官
子宫癌、子宫肌瘤
胎儿畸形，影响人体免疫、
生殖代谢功能

图7　吸波材料在民用防护领域的应用

前沿新型吸波隐身材料

1. 吸波隐身纤维材料

电磁吸波材料可以通过损耗电磁能量来实现电磁波较少反射甚至无反射，在电子、通信设备等电磁兼容领域具有广泛的应用。随着5G和雷达通信等技术的兴起，电磁波应用频谱从米波拓展至毫米波，导致吸波材料需求日益增大。传统的吸波隐身材料，如铁氧体、钛酸钡、碳化硅、石墨、金属纤维等，它们都存在吸收频带窄或密度大的缺点，已经难以满足如今的生活需求。此外，电磁波吸收频带窄，吸收材料本身厚度、质量大等都是传统吸波隐身材料面临的问题和挑战。因此，开发具有厚度薄、质量轻、吸收谱带宽、吸收强度大（即"薄、宽、轻、强"）的新型吸波体材料迫在眉睫。

纤维材料具有柔性、质轻的特点，把吸波材料与纤维结合是实现薄、轻、宽、强的一个重要途径，尤其是可编织、可设计的高性能吸波织物已经成为提高隐身技术的重要手段。因此，研制新型高性能吸波纤维材料在日常生活和军事领域均具有重要意义，目前已引起各国广泛重视和关注（图8）。

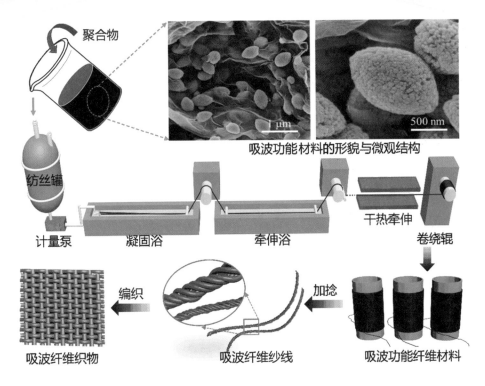

聚合物

纺丝罐

计量泵　凝固浴　牵伸浴　干热牵伸　卷绕辊

吸波功能材料的形貌与微观结构

1 μm

500 nm

编织　加捻

吸波纤维织物　吸波纤维纱线　吸波功能纤维材料

图8　吸波纤维的制备工艺流程

　　本文作者团队利用有机/无机杂化的思想将石墨烯与铁氧前驱体复合,通过生物水热矿化技术制备了石墨烯–铁氧基吸波功能纳米复合材料,并与聚乙烯醇复合通过湿法纺丝技术制备了具有吸波强度和带宽可调的新型吸波纤维材料(图9)。该纤维(通过纺织工艺制备得到的织物)具有优异的吸波性能,吸波性能–15 dB以上的强度几乎覆盖了2~18 GHz全频段,在中频段具有超强吸收,最大吸收强度高达–55.7 dB。最为神奇的是,研发的这种织物可以通过织物结构的调整实现对最强吸收谱带宽度的可控调节,为新时期"薄、轻、宽、强"吸波材料的制备开辟了一条新的路径。

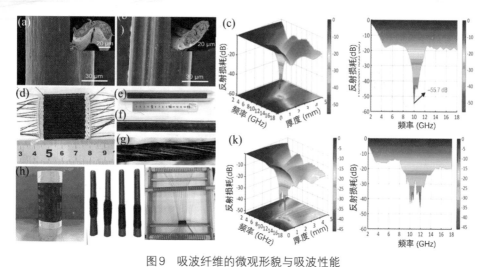

图9　吸波纤维的微观形貌与吸波性能

(a)~(b)纤维的SEM形貌;(c)单层织物的吸波性能;(d)吸波纤维织物的光学数码照片;
(e)~(g)吸波纤维纱线的形貌;(h)吸波纤维丝桶;(i)吸波纤维纱线;(j)吸波纤维织物的平纹编织过程;
(k)双层织物的吸波性能

2. "超材料"或"智能可调隐身材料"

根据吸波隐身原理,让战机达到隐身的目的,可以从战机特殊的外形设计和材料结构入手。但即使这样对于最优的材料结构也只能对频率较高的雷达起到良好的作用,并不具备全频谱隐身的能力,从这一点上来讲,传统的吸波隐身材料仍然存在着自身的局限性。而东南大学毫米波国家重点实验室最新研发的"超材料"或"智能可调隐身材料"可以完美地解决这一弊端。所谓的"超材料"或"智能可调隐身材料",本质上讲就是一种磁导率以及介电常数可自动控制的新型复合材料。这种超材料可以根据所跟踪雷达的电磁波的频率和环境背景特征,自动智能调整自身的材料结构特征,如调整材料的磁导率和介电常数等,最终模拟出类似于背景环境的雷达反射信号特征,以此实现对敌方雷达的迷惑与干扰,达到隐身的需求。这种智能调整自身结构特性与变色龙的生物特性极其相似,因此也被戏称为"变色龙"材料。

如图10所示,这种一眼看上去就像是一块块装修材料的小板子,若非写有"智能可调隐身材料"的相关介绍,恐怕也不会引起太多人的注意。正是这种高科技的集成,才使得这貌似平凡的东西,内部却别有洞天。就是这么既简单又朴实无华的材料,很大程度上却能对未来武器装备的隐身设计概念产生颠覆性的影响。值得一提的是,"超材料"同样可以运用在光学隐身领域,我们在科幻小说中经常看到的隐身斗篷,理论上就能通过这类材料被制造出来。相信在不久的未来,这种隐身"黑科技"就会运用到作新一代隐身战机上,大大提高战机的隐身、作战能力。

图10　智能可调隐身材料*

隐身材料,让"隐身"不再局限于科幻,让科幻变成现实的背后蕴藏的是高科技的力量和无数科研工作者的心血和汗水。相信在不远的将来,你我都会成为这些高科技的体验者,让我们共同期待着那一天的早日到来。

＊　资料来源:腾讯新闻。

液　晶

——物质存在的第四态

王　奎　梁志安　徐　凯*

广袤大草原上的朵朵白云,神秘大海上的汹涌波涛,寂静极地里的寒冷冰原,这是水在大自然中常见的三种物质状态:气态、液态和固态。但是在地球上还存在着第四状态的物质,它早已悄无声息地藏在你的身边,藏在你周围的电视、手机、平板电脑里,为你带来非凡的视觉体验,它就是液晶。神秘的它是如何被科学家发现的? 它的真实身份又是什么呢?

液晶的发现

每种物质的发现几乎都离不开化学家,而液晶材料最初却是被一名植物学家发现的。原来液晶还存在于生物体中。19世纪后期,一位名叫斐德列·莱尼泽(F. Reinitzer)的植物学家在研究中发现了一种神奇的物质,这种物质在从固态加热熔化至液态时,竟然有两个熔化点。

这个实验打破了人们的常规认知。与其他物质不同,这种奇特的物质在从固态加热至某个温度时,物质熔化,它会先熔化成一种白色黏稠的浑浊液态,当有光照射到上面时,它会像珍珠一样,散发出美丽多彩的光泽。通过继续加热,这种状态消失,物质熔化成完全透明的液态。起初科学家认为这种物质不是单一物质,是因为掺有了杂质才出现了这种奇怪的现象。但是随着材料的冷却,这种物质会以相反的顺序重复相态的变化,可以重复的还包括两个熔化点(图1)。

---

* 王奎、梁志安、徐凯,石家庄诚志永华显示材料有限公司。

图1 神奇的固态与液态的中间态(液晶态)

同一时期,随着显微镜技术的快速发展,一位名叫奥托·雷曼的物理学家,利用偏光显微镜也观察到了这种双熔点的现象。除此之外,奥托·雷曼还首次发现了这种状态下物质对光的独特敏感性。因为这种不同于固态和液态的特性,他将这种状态定义为一种流动性结晶。由此将这种在固态和液态之间,具有流动态特性的物质定义为液晶。图2为我国的研究者在偏光显微镜下拍摄的液晶材料形貌。图3是物质在三种状态下的分子排列和运动特性示意图。

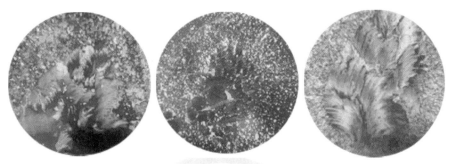

图2 液晶材料在偏光显微镜下的形貌

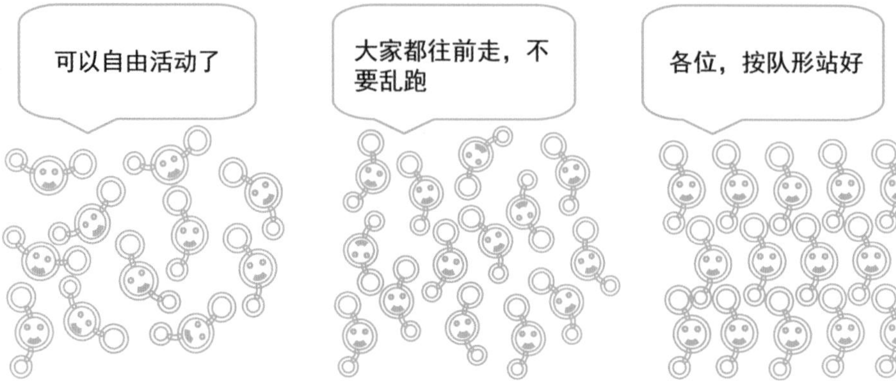

（a）液态：分子完全无序　　（b）液晶态：分子部分有序且可以流动　　（c）固态：分子整齐排列

图3　物质在三种状态下的分子排列和运动特性示意图

液晶的特点

　　液晶的种类繁多,目前已合成的液晶材料就超过了1万种。液晶按照形成条件分类可以分为热致液晶和溶致液晶。我们所熟知的大部分显示用液晶材料都是热致液晶,即物质的液晶态是在一定的温度区间内存在。在此基础上,法国科学家弗里德经过大量研究,将热致液晶根据分子分布规律的不同进一步分为三类:向列相、近晶相、胆甾相。

　　向列相液晶是指棒状液晶的指向矢朝向同一个方向,但是液晶分子的个体重心仍是杂乱无章的,在偏光显微镜下显示为条纹织构(图4)。常见的显示用液晶都为向列相。

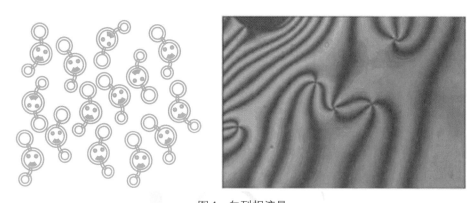

图4　向列相液晶

　　近晶相液晶是指液晶分子一维有序,指向矢朝向和光轴垂直于一维层,

112

在偏光显微镜下显示为扇形织构(图5)。

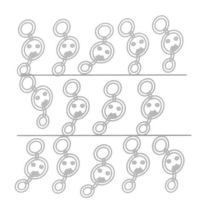

图5　近晶相液晶

胆甾相液晶是具有手性螺旋结构的层状液晶,在偏光显微镜下显示为螺纹织构(图6)。

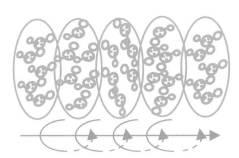

图6　胆甾相液晶

液晶的本质是一种有机化合物,显示类液晶通常是由一种由苯环、环己环等刚性有机结构组成的棒状分子,在棒状结构的两端加入一些柔性链,用以改变液晶分子的液晶相态区间。图7是一种常见的液晶棒状分子,这种棒状液晶分子的长轴方向与短轴方向的电子云密度不同,它引起了液晶分子在长轴方向和短轴方向不同的物理特性,这种物理特性间的差异被称为液晶分子的各向异性,也是我们将液晶分子应用于显示的最基础原理。

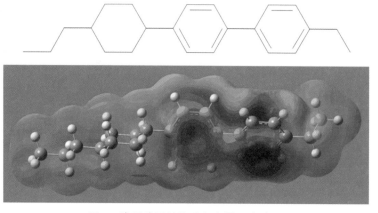

图7　液晶分子结构式与电子云密度图

如图8所示,如果可以通过电场来控制液晶分子转动,再利用液晶分子的控制光路的能力,那么就可以实现利用电来决定光如何传输,这是多么美妙的事情。

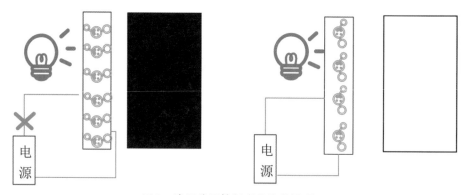

图8　液晶分子控制光传输的原理图

液晶的应用——液晶与显示

用电来控制光,最著名的莫过于灯泡的发明了,通过灯泡的亮暗,可以显示画面,如果需要显示家用电视分辨率的画面,就需要约207万个(全高清图片分辨率为1920×1080,含207.36万个像素)灯泡工作,不过那可是一个巨大无比的工程。而利用液晶材料进行控制,由于液晶分子尺度仅有几十埃(一根头发的粗细可以容下上万个液晶分子),通过半导体技术,就可以轻松的把高分辨率的画面轻松地显示到各种尺寸的屏幕上。

随着科技飞速发展,科学家利用化学知识合成了各种各样的液晶分子,同时也让电路实现了小型化,为液晶显示的发展提供了技术基础。1968年,美国人乔治·海尔迈耶发明了以动态散射为原理的第一代液晶显示装置(图9),从此,液晶正式开始应用于显示技术。1971年,瑞士的谢弗发明了扭曲向列相技术,日本精工集团推出了基于扭曲向列相显示模式的电子手表(图10),这种技术解决了驱动电压高、响应速度慢的问题,并成功实用化。扭曲向列相模式成为了第二代显示模式的开端。

图9　乔治·海尔迈耶和动态散射显示器资料图

图10　世界首枚扭曲向列相数字液晶显示器

扭曲向列相技术的成功实现源于偏光原理,它将液晶特殊的光电优势发挥了出来。如图11所示,当液晶被放在屏幕的两片偏光基板中间,并通过上下基板的正交沟槽将液晶锚定住时,屏幕中液晶分子层就发生了扭曲。光线从一面基板进入后,经偏光处理的变成线偏振光,沿着有序排列的液晶分子发生偏转,最终在另一面的偏光片中射出。这时从屏幕正面观察,是白色的透过模式。当对上下基板加电时,液晶分子会沿着电场方向竖立起来,从而打断了光通过的路线,光无法透过。这时从屏幕上方观察,变成了黑色的阻隔模式。通过加电来改变液晶分子的排布,从而改变光线的透过状态,这就是现代液晶显示的理论基础。

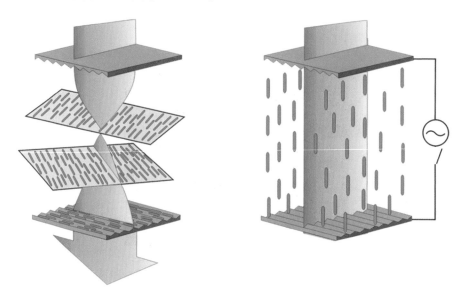

图11　扭曲向列相的显示原理

薄膜晶体管的发明带动了第三代液晶显示技术的发展。液晶面板上的TFT开断功能,成功地将液晶控制开关缩小到微米级别,从而使得不同的图形,在同一个屏幕上实现了动态显示(图12)。

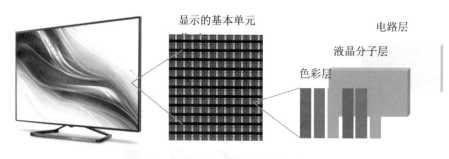

图12　无处不在的液晶分子

薄膜晶体管的发明也解决了第二代液晶显示器只能显示简单内容的缺点。彩色动态液晶显示器的面世,使得液晶材料完全覆盖了几乎所有的显示领域。大家也可在家里用放大镜或者显微镜看一看身边的电脑屏幕和手机的屏幕,找到液晶材料的藏身之处。

液晶的发展——其他应用

液晶在显示领域的应用只是其特性的一种体现,而其特殊的光电性就能决定液晶的应用会给人们的生活带来更多丰富的选择。这些选择中最常见的当属聚合物分散液晶(Polymer Dispersed Liquid Crystal,PDLC),这种液晶是将液晶分子和预聚物混合在一起,当预聚物发生聚合反应形成聚合物后,液晶分子就被固定在聚合物网格内。当不加电时,液晶分子排列分散,入射光会被强烈散射,从而光无法通过液晶层。当加电后,液晶有序排列,光轴垂直于聚合物薄膜表面,与电场方向一致,入射光不再发生折射,光线得以从液晶层投射过去(图13)。这种对光线的开关功能,使得PDLC的应用非常广泛,最常见的就是智能窗户和透明显示,这些也已经开始应用在实际生活中。

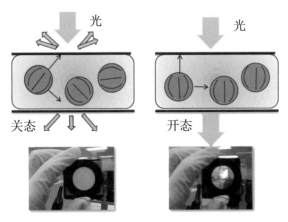

图13　PDLC的工作原理

随着液晶技术的发展,液晶将应用在越来越多的领域。如在生物医学领域,DNA和RNA都是生物性胆甾相液晶,生物细胞组织的细胞核和细胞膜都是由溶致液晶组成的,液晶的光电特性在生物医学上的表现也使其在生物领域有着更广阔的应用前景。在智能机器人领域,利用液晶对不同波长光的反馈不同,改变偏振光的波长和方向,可以实现任意方向的分子伸缩等机械运动。还有一些更为前沿的研究方向,比如存储介质、人工肌肉等。

因此,液晶之路会在显示行业里越走越稳,同时在其他行业里越走越宽,越走越远。

有机光电器件
——导电塑料

赵志远　阴淑艳[*]

　　"大雄！快起床,我回来啦!"看着带着竹蜻蜓的哆啦A梦从窗外飞了进来,大雄声音微弱地说:"你去哪里啦,刚才找你看你不在房间? 我生病了,浑身哪哪都难受,快把任意门拿出来带我去医院。今天是周一,看病的人一定特别多,早点去排队!""不用那么麻烦的,看看我的最新科技——健康监测贴。"说着,哆啦A梦从万能口袋中拿出一张薄膜一样的东西贴在大雄的额头上,瞬间纸张上面显现出大雄的身体机能参数和各种症状及其对应治疗的药品名称,原来大雄得了重感冒! 随后他们根据画面上提示的治疗药品,去了附近的药店……

　　这个小故事大家都不陌生(图1),是我这一代人小时候最喜欢看的科幻动画片《哆啦A梦》中的一集。相信大家最喜欢的就是哆啦A梦口袋里的各种神奇道具,幻想有一天哪怕拥有其中一件也会非常开心,现在可以告诉大家,这些都不是梦! 新的时代已经缓缓走来。

*　赵志远、阴淑艳,中国科学院化学研究所。

图1　科幻动画片《哆啦Ａ梦》

塑料在什么条件下可以导电

目前,我们日常生活中每天都被各种塑料制品包围着(图2),如食品包装、儿童玩具、容器、仪器、家电、机械零件等。而用科学术语来说,这些塑料实际上就是些大分子链的化合物。它的强度高,密度低,耐腐蚀,是一种被广泛使用的电绝缘材料。可是你听说过塑料能导电吗?

图2　日常生活中的塑料制品

1977年，在纽约科学院国际学术会议上，东京工业大学助教白川英树（H. Shirakawa）把一个小灯泡连接在一张聚乙炔薄膜上，灯泡马上亮了。"绝缘的塑料也能导电！"此举让四座皆惊。那是什么原因让本该绝缘的塑料可以导电呢？这缘于科学上的一次"偶遇"。1974年，日本科学家白川英树要去参加学术会，于是要求学生帮他把实验（合成聚乙炔）继续做下去，他将实验步骤都写了下来。他回来后观察实验产物里面掺杂了一些银白色的光泽，他想聚乙炔不会出现这种现象呀！因为带银白色光泽的物质大多是金属，聚乙炔这种有机高分子怎么会表现出金属光泽的属性呢？他查阅了学生的实验记录数据，原来是学生把催化剂放多了，而且是多了整整一千倍。1976年，白川英树教授发现在聚乙炔薄膜中掺杂1%的碘物质，可使聚乙炔薄膜的导电度提升10亿倍，也就是说在塑料中添加一定量的导电物质，会形成新的复合型的导电高分子材料。这次偶然的发现开启了导电高分子的时代，也使塑料有了新的应用。2000年，A. J. Heeger、A. G. Mac-Diarmid、H. Shirakawa 三位科学家（图3）因为发现了导电聚合物而被授予诺贝尔化学奖，他们开拓了有机电子发展的新时代。自那以后，有机电子材料及其在各领域的应用，逐渐成为了一个新兴研究领域。结合了有机化学、物理学、信息电子科学和材料科学等诸多学科相互交叉的新学科就是有机电子学。在全世界科研人员的不懈努力下，有机电子学相关领域取得了长足的发展。

美国物理学家　　　　　　　美国化学家　　　　　　　日本化学家
A. J. Heeger　　　　　　A. G. McDiarmid　　　　　H. Shirakawa

图3　2000年诺贝尔化学奖获得者

有机电子器件包括有机电致发光器件(Organic Light Emitting Diode, OLED)、有机光伏器件(Organic Photovoltaic,OPV)和有机场效应晶体管(Organic Thin-Film Transistor,OTFT)等。以这些为代表的有机光电功能材料和器件在新型平板显示、固体照明、高密度信息传输与存储、新能源和光化学等领域显现了广阔的应用前景,受到科学界和产业界的普遍关注(图4)。例如,OLED技术具有全固态、主动发光、色彩丰富、可实现柔性显示等诸多优点,被认为是有较大发展前景的新型平板显示技术,且逐步在全球形成规模化生产。OPV技术因成本低、工艺简单、易于制成大面积器件等诸多优点被认为是很有发展潜力的可持续发展的绿色环保能源技术。OTFT以其低成本、可在柔性基板上加工、可低温成膜等优点,成为有机电子学的一个热点,有望推动信息产业的变革式发展。让我们来看一下部分有机电子器件的应用吧。

信息处理　　　　　照明与显示　　　　　清洁能源　　　　　健康监测

图4　有机电子器件的应用

1. 柔性显示屏

多年来,三星、LG、柔宇、华为和其他公司已向人们展示了各种柔性显示屏(flexible displays),如搭载柔性显示屏的智能手机。柔性显示屏到底是什么?通俗来讲,"显示屏"是指你看手机和进行操作时所看到的界面。从技术角度看来,显示屏就是放置在玻璃面或者塑料壳下的电子器件,负责照亮手机和显示信息。柔性显示屏的发展是在显示屏的基础上其形态柔性化的发展,大致可以分为三个阶段(图5),即:屏体变薄,实现曲面显示;屏体进一步变薄,实现弯曲显示;屏体采用分型结构连接,实现折叠显示屏。以下为代表性事件:

2005~2008年,柔性屏幕中心相继建立,惠普、索尼、诺基亚相继推出柔性显示屏;2013 年,三星在 CES(Consumer Electronics Show)上亮相了它的 YOUM 柔性 OLED 显示屏;LG 发布了第一款真正量产的曲面柔性屏幕手机 LG G-Flex;2015 年,LG 研制出完全由塑料组成的曲面显示屏,以显示屏厚度为 0.3~0.5 mm;柔宇基于 AMOLED 架构研制的柔性显示屏,屏幕厚度缩小到 10 μm,只有人类头发丝直径的五分之一,创造了世界纪录。

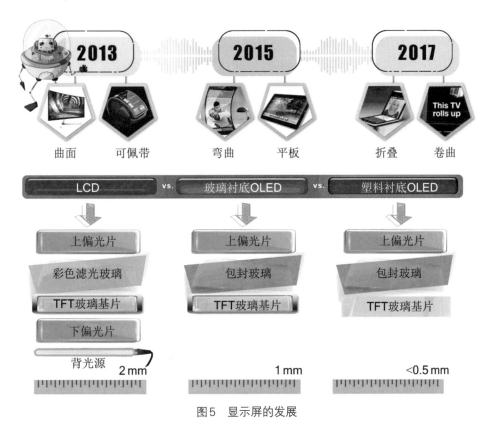

图5　显示屏的发展

2017 年,LG 公布了 77 英寸柔性显示屏,曲率高达 80°。这款显示屏拥有 4K 超高清分辨率,同时采用了透明设计,具有 40% 的透明度。用柔性基板制造的 OLED 显示器已经成功地进入了市场,如 Samsung Galaxy S7 Edge 或是 Apple Watch 一类的设备中。

2020 年,华为发布新一代折叠屏手机 Mate Xs。华为 Mate Xs 拥有折叠态和展开态两种形态,在手机和平板之间灵活转换。柔性显示器让可折叠的移动设备成为现实。

2019年我国《新型显示产业发展白皮书》提出屏体柔性化为新型柔性显示发展特点,是显示领域的重要发展趋势,其产品可以更好地应用于智能手机、车载显示、虚拟现实(VR)等终端产品,从而实现显示器的无处不在,与产品表面贴合、自然携带等。

2. 场效应晶体管的发展

1960年,金属氧化物半导体场效应管(Metal-Oxidel-Semiconductor Fieldl-Effect Transistors,MOSFET)在贝尔实验室问世以来,作为核心开关电子元器件,推动了整个半导体集成电路产业按照"摩尔定律"迅猛发展。MOSFET为现代信息技术快速发展作出了巨大的贡献。近几十年来,随着显示技术越来越被重视,TFT技术得到了越来越多的关注,已成为平板显示驱动行业的支撑技术,在大面积电子领域取得了广泛的应用。TFT的工作原理如图6(a)所示,是一种电压控制器件,通过栅极电压来调控源漏电极间电流的大小,其功能等同于开关的作用,如图6(b)所示,水龙头的开关就相当于TFT开关,当拧动开关后,水(信号)从水库(信号源)流出,TFT作为显示领域的驱动技术时,OLED为像素点,如水龙头出水口位置的接水盆,一个TFT控制一个像素点。

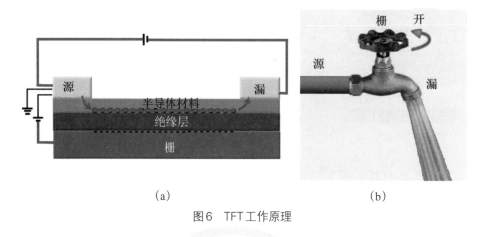

(a)   (b)

图6　TFT工作原理

TFT根据半导体材料的不同主要包括以下类型:非晶硅(Amorphous Silicon, a-Si)、低温多晶硅(Low Temperature Poly-silicon, LTPS)、金属氧化物、纳米材料以及有机半导体。随着显示屏体多元化应用需求(如低成本、可抛式电子和柔性便携显示)的日益增长,有机OTFT备受学术界和科学界关注。

有机材料拥有极好的本征柔韧性、材料来源丰富、可降解和可低温溶液法大面积涂布等优势,还可以根据应用需求在包括塑料和纸张等基板上进行加工制备。近些年来,随着OTFT材料(半导体材料、绝缘层材料和电极材料)和加工工艺的不断发展,OTFT的器件性能已经远远超过a-Si TFT。OTFT独特的低成本溶液法制备和良好的柔韧性优势使其在各种显示装置以及存储器件方面显示了较好的应用前景。

图7展现了使用OTFT器件做"开关"的例子,如驱动OLED制备柔性显示屏,改变现有图片、影视的呈现形式实现可弯可折;用于电子纸(E-paper),改变现有纸媒的呈现形式,具有可读性、可书写性和柔韧性;应用于传感器,可以检测到NH_3、Cl_2、SO_2、CO等对人体有害的气体,检测溶液体系中的离子等。OTFT还有一个奇特应用是在机器人领域。研究人员将有机晶体管阵列植入感压橡胶下,使它成了对压力敏感的机器人的"皮肤"。

OTFT
- EPD(电子纸、电子书、数字标牌)
- LCD(超轻量薄型节能便携终端)
- OLED(终极便携终端、柔性TV)
- 智能卡、ID卡、TAG
- DNA传感器等医疗器械应用
- 可穿戴设备、智能机器人

可弯曲的AMOLED显示器

索尼4.1英寸OTFT OLED

LG电子报纸演示

Neudrive OTFT逻辑电路

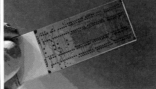

Neudrive OTFT传感器

鲍哲南电子皮肤

图7　OFET器件的功能应用领域

3. 电子皮肤

如果要让智能机器人更像人类,只给它提供听觉、视觉,让它能与人对话,这似乎还远远不够。因为在人类的五感中,除了听觉和视觉,还包括触觉、味觉、嗅觉。机器人不需要吃饭,那么味觉和嗅觉似乎就不那么重要了,但触觉作为最重要的定位手段,则是机器人应该具备的。智能手表可以帮助我们监测睡眠和心率;智能音箱可以告诉我们今天的天气、适宜穿什么衣服以及实时新闻;智能手机能做得更多,囊括衣食住行方方面面……这些功能全部将由"电子皮肤"代劳,而且很快就会实现。外界的刺激能够改变元器件内核心半导体的物理参数,这些参数经过特定的信号转换、计算等,可以做出特异性识别与响应,产生"触觉"。换言之,电子皮肤是将高柔性与高导电性材料结合在一起得到的复合材料。引人注目的是,OTFT不仅可以用来制造电子皮肤,而且用它制造出来的人造肌肉还可以通过电化学方法进行控制,使之膨胀或收缩。利用这种技术工艺,科学家能制造出非常类似人类的机器人的肢体,机器人也将不再只是生硬地完成程序指令,而是可以更加灵活地做出各种复杂的动作。集成了多功能电子皮肤的衣服,能够实时感知身体每个部位的健康状况,能根据需要改变颜色甚至可以隐身。电子皮肤可以很好地贴覆在机器人外壳表面,让机器人能够具备甚至充分具备与人一样的"靠表皮感应外界事物的能力",并传递至机器人中心控制系统,使其做出相应的反应。这对促进机器人智能化水平的作用将是革命性的。可以预见,电子皮肤作为模仿人类皮肤的属性,将在医疗健康与机器人领域具有广阔的应用前景。

神奇的缓释控释材料

王 东 徐 萌*

"康泰克白加黑,吃一粒12小时药效。"家喻户晓的感冒药,为什么会有12小时药效? 这里,我们介绍一个重要的概念:药物的缓释控释性能。药物缓释控释是指可以控制和延缓药物在预定时间内,以一定速度恒定释放,使血液中的药物浓度长时间维持在有效浓度范围之内。缓释控释药物是缓释控释材料的一种。图1是我们家庭药箱中常备的缓释控释药物。

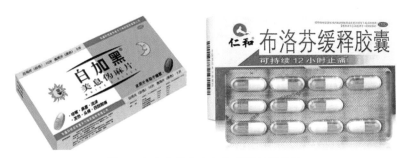

图1 家庭药箱中必备的缓释控释药物

缓释控释材料

缓释控释材料是指在一定外界条件的刺激下而缓慢释放的一种材料。常用的缓释控释材料有:亲水性凝胶骨架材料,如甲基纤维素(MC)、羟丙甲基纤维素(HPMC)、卡波普(carbopol)、海藻酸盐(alginate)、壳多糖(chitosan)等。这些缓释控释材料因具有以下优点而被广泛应用:① 可以控制负载功能分

---

* 王东、徐萌,北京理工大学材料学院。

子正常存储的稳定性,使得材料在没有刺激反应发生时相对稳定。② 可以控制负载功能分子的溶出速度,一般情况是利用降低功能分子的溶出速度来制作缓释控释材料,这样在刺激持续发生的条件下可以缓慢溶出功能分子。③ 可以控制功能分子的扩散速度,功能分子溶出之后的扩散是缓释控释的重要环节之一,通过控制功能分子的扩散速度能够调节功能分子一定时间内在区域内的浓度。④ 通过其他机制来确保功能分子持续稳定的释放(溶蚀作用、渗透作用、离子交换法等)。

缓释控释材料广泛应用于医疗卫生和农业等领域,如缓释控释药物、缓释控释的化肥和缓释控释农药等(图2)。采用缓释控释的化肥,进行一次施肥可以长时间地保证土壤里植物生长所需矿物质的存在。采用缓释控释的农药,只需要短期施药就能够长时间地小剂量释放,可以达到杀死害虫且对大型动物几乎没有危害的良好效果。缓释控释药物已经广泛成功应用于医疗卫生领域。

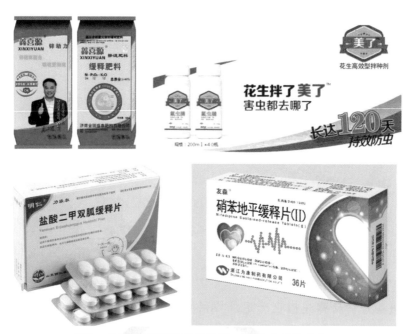

图2 常用的缓释控释材料制品:化肥、农药和药物

缓释控释药物

缓释控释药物是指将药物包埋于某种聚合物辅料中的制剂,由不同辅

料和制备工艺限制药物的溶出和扩散速度,通过聚合物的溶蚀和水解,使药物缓慢、持续、稳定地释放并发挥作用。控制药物释放的制剂的载体辅料多为天然或合成的高分子材料,其自身代谢物无毒、具有足够高的载药率、最大的生物相容性和最小的抗原性。

缓释控释药物分为不可生物降解型和可生物降解型两种。常用的不可生物降解型辅料有聚异丁腈基丙烯酸酯、聚甲基异丁烯酸、乙烯-乙烯基乙酸酯共聚物和硅酮等。可生物降解型辅料则有淀粉、聚乳酸、聚乙醇酸、聚乳酸-乙醇酸共聚物(PLGA)、双脂肪酸-癸二酸共聚物和对羧基苯氧丙烷-癸二酸共聚物等。可生物降解型的聚合物组织相容性良好、载药量高、能完全降解,已用于临床。随着生物技术的突飞猛进发展,缓释控释药用材料也得到了不断的开发。

缓释控释药物由缓释制剂和控释制剂两部分组成,缓释和控释相辅相成。缓释制剂是指用药后能在较长时间内持续释放药物以达到长效作用的目的,其中药物释放主要是一级速度过程。控释制剂是指药物能在预定的时间内自动以预定的速度释放,使血药浓度长时间恒定在有效范围内,其中药物主要以零级或接近零级速度释放(零级速度是指药物在体内以恒定的速率消除,单位时间内消除的药物量不变。一级速度是指药物在单位时间转运消除恒定比例,特点是药物消除半衰期恒定,与剂量或药物浓度无关)。

与以往的常规剂型,如片剂、胶囊、注射剂相比较,缓释、控释制剂的主要优点是:① 能够减少给药次数,改善患者的顺应性;② 减少血药浓度的峰谷现象,降低毒副作用, 提高疗效;③ 增强药物治疗的稳定性。

缓释控释药是慢性疾病患者的福星

伴随着经济社会的快速发展,人民的生活水平也在迅速提高,人们饮食习惯从之前的"清汤白面"到如今的"大鱼大肉"。生活质量得到了提升,一些慢性疾病也慢慢地"瞄上了"生活习惯不健康的人们,比如糖尿病、高血压等。这些慢性疾病不像"急性肠胃炎"等急性病那样来去匆匆,它是一个缓慢的、持续的过程,因此需要长期缓慢的治疗。缓释控释药物的出现为这些患者带来了曙光。由于这些慢性疾病需要长期存在一定浓度的药物来进行控制,而缓释控释药物恰好可以在某些条件下长时间地缓慢释放一定浓度的药物,因此对于治疗慢性疾病,缓释控释药物的使用就十分必要。除此之外,缓释控释药物对控制重大疾病,如癌细胞的扩散等也有很好的疗效。

目前缓释控释材料主要用于半衰期短,或口服生物利用度低而又需要长期使用的药物,其优点在于可在几小时、几周或几个月甚至更长时间内以一定速率释放药物,维持有效的血药浓度,提高生物利用度;同时减少给药次数,降低药物的毒副作用。因此不仅增加了患者的依从性,提高了治疗效果,而且减少了药物总量。缓释药用材料被制成控缓释剂型广泛应用于多种疾病的治疗,其中在癌症、高血压、高血脂等疾病的治疗中获得了巨大成效。下面以癌症的治疗以及降血压药物为例,来阐述缓释控释药物的应用。

抗癌药物在靶向分子的作用下,可以很快到达癌症部位,然而,在大部分癌细胞被杀死的同时,有一小部分的癌细胞可能依然存在,如果不彻底清除,就会造成癌细胞的增殖以及扩散。缓释控释药物如果被靶向到癌症部位,缓慢长时间地释放抗癌药物,就像一个装着药物的"仓库",源源不断地把抗癌药物输送到癌症部位,就能够彻底清除癌细胞,防止癌细胞的增殖与扩散。

降压药分为长效降压药和短效降压药。顾名思义,长效降压药就是能够在长时间内将血压稳定在安全的范围内。一天只需要服用一次就能保持稳定的血药浓度。而短效降压药由于作用时间短,往往一天需要服用数次才能保持血药浓度的稳定。控释片的作用时间更长、降压作用更平稳。利用合适的骨架材料,将药物与骨架材料制成释放速率恒定、药效平稳的片剂,普通片剂的释放是无法控制的,很快崩解;而控释片崩解缓慢,并且不同时间的释放量是固定的,对于一些治疗精度比较高的疾病,一般都是采用控释片。

缓释控释药物新剂型对提高药物疗效、减少不良反应,提高患者的依从性方面优势明显,不仅适用于临床药学研究,而且对提高医药科研和制药工业的经济效益均具有重要意义。缓释制剂可按需要在预定期间内向人体提供适宜的血药浓度,减少服用次数并可获得良好的治疗效果。随着给药系统和给药部位的深入,缓释制剂的制备技术和新品种的开发有了更广阔的前景。各种制备缓释制剂的缓释材料很多,目前可用于生产的缓释材料有40多种,广泛应用于临床对多种疾病的治疗,其中在高血压治疗领域,取得了很好的成效。这些应用不仅可以减少血压的波动、降低主要心血管事件发生的危险和防止靶器官损害,还可以提高用药的依从性。随着材料学的快速发展,国内外对药物剂型的研究迈入新阶段,新的缓释药物不断出现。短效药物半衰期短,每日需多次服药,患者依从性差,而且会发生"峰谷现象",不良反应较多,不利于长期坚持应用。缓释控释型药物的出现,以其长效、稳定的血药浓度、依从性好、毒副作用少、药物的释放具有可预见性等优点在世界范围内广泛应用,得到患者及国内外专家的认可。

缓释控释材料的发展——高分子材料显神通

在药物制剂领域中,高分子材料的应用具有久远的历史。人类广泛利用天然的动植物来源的高分子材料,如淀粉、多糖、蛋白质、胶质等作为传统药物的黏合剂、赋形剂、助悬剂、乳化剂。而传统降压药物半衰期短、有效血药浓度时间短、患者的依从性差等缺点影响了治疗效果。因此,发展高效、长效降压药物制剂成为生物制药行业的关注热点。20世纪30年代以后,合成的高分子材料大量涌现,在药物制剂的合成和生产中应用日益广泛。可以说任何一种剂型都需要利用高分子材料,而每一种适宜的高分子材料的应用都使制剂的内在质量或外在质量得到提高。20世纪60年代开始,大量新型高分子材料进入药剂领域,推动了药物缓释剂型的发展。这些高分子材料以不同方式组合到制剂中,起到控制药物的释放速率、释放时间以及释放部位的作用。

在缓控释制剂中,高分子材料几乎成了药物在传递、渗透过程中不可分割的组成部分。

抗 菌 纤 维

周家良　孙　宾*

纤维是纺织品的原料。很多纺织品与人体密切接触,如贴身衣物、床单被套、毛巾等,这些纺织品在使用过程中会不可避免地沾污细菌。由于普通纺织品无抗菌作用,会成为各种致病菌大量繁殖的"温床",继而导致人体皮肤表面的菌群失调,影响人体健康。此外,沾污在纺织品上的细菌,在其获得营养迅速繁殖的同时,会催化代谢或分解出各种低级脂肪酸、氨和其他有刺激性臭味的挥发性化合物,加上细菌本身的分泌物和死骸的腐败气味,使纺织品还会产生各种令人厌恶的气味。因此,使纺织品具有抗菌性是有必要的。

抗菌(antibacterial)是采用化学或物理方法杀灭细菌或妨碍细菌生长繁殖及产生活性的过程。抗菌纤维包括具有天然抗菌能力的纤维和通过人为改性使其具有抗菌能力的人造抗菌纤维。人造抗菌纤维是采用化学的或物理化学的方法,将具有能够抑制细菌生长的抗菌成分引入纤维的化学组成中,或者引入纤维的表面及内部,使纤维具有抗菌功能。其要求抗菌成分在纤维上不易脱落,通过在纤维内部扩散,保持持久的抗菌效果,从而使由其织成的纺织品具有抗菌功能。

抗菌纤维——生活中有害菌的克星

微生物是生物的一大类,在自然界中的分布极其广泛,无论土壤、水、空气、物体表面、人与动物的体表及与外界相通的腔道等处,如整个消化道、呼吸道,包括我们呼出的气体,都有微生物的存在。人体内及表皮上的微生物

---

* 周家良、孙宾,东华大学材料科学与工程学院。

总数大约是人体细胞总数的十倍。微生物包括细菌、病毒、真菌以及一些小型的原生生物、显微藻类等在内的一大类生物群体。在人体及动物体内、体表常见的微生物可分为正常微生物群和病原微生物群。绝大多数微生物对人类、动物和植物是有益的，而且有些是必需的，人类不能或者是不适宜在完全无微生物的环境中生存。只有少数微生物——病原微生物具有致病性，会引起人类和动植物的病害。

细菌是微生物的主要类群之一，是所有生物中数量最多的一类，据估计，其总数约有 $5×10^{30}$ 个（全世界的人口数是 $5×10^{10}$）。不同种类的细菌尺寸在 0.2~5 μm 的范围内。人的肉眼的最小分辨率为 0.2 毫米（200 μm），因此，观察细菌需要用光学显微镜放大几百倍到上千倍才能看到。

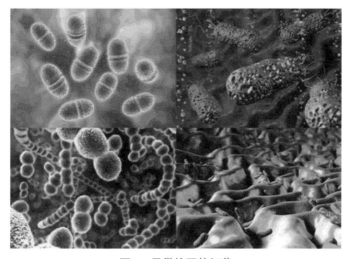

图1　显微镜下的细菌

大部分细菌的适宜生长温度是 37 ℃，与人的体温相同，因此人体是很多细菌的温床。以大肠杆菌为例，它是人和许多动物肠道中最主要且数量最多的一种细菌，主要寄生在大肠内，属正常菌群。大肠杆菌有 150 多种类型，包含部分致病性大肠杆菌，虽然数量极少，但常会引起流行性婴儿腹泻和成人肋膜炎。除大肠杆菌外，一些细菌还能成为病原体，导致破伤风、伤寒、肺炎、肺结核等疾病，对人类健康产生不利的影响，所以抑制这些有害细菌的繁殖或把它们杀死是很有必要的。抗菌的作用是在极大程度上减少有害细菌等病原微生物在物品表面的滋生繁殖。但是抗菌也需要注意适度，人类与微生物是和谐共存的,人类不能或者是不适宜在完全无菌的环境中生存,杀灭有害菌的同时,往往也会杀灭有益菌。因此,在有必要的地方实施必要的抗菌即可。

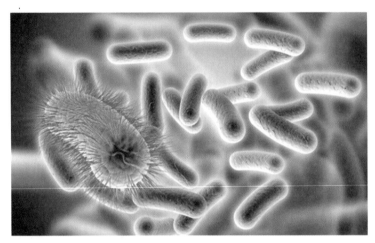

图2　显微镜下的大肠杆菌

与生俱来的天然抗菌纤维

具有抗菌功能的天然纤维有甲壳素纤维、壳聚糖纤维、麻纤维和竹纤维等。

甲壳素与壳聚糖纤维。甲壳素是一种天然高分子材料,又称甲壳质、几丁质,广泛存在于低等植物菌类、藻类的细胞,节肢动物虾、蟹、蝇蛆和昆虫的外壳,贝类、软体动物的外壳和软骨,高等植物的细胞壁中。壳聚糖是甲壳素在碱性条件下加热后脱去 N-乙酰基后生成的。甲壳素和壳聚糖是自然界中少见的一种带正电荷的碱性多糖。甲壳素和壳聚糖的抑菌性主要来源于分子链上带正电荷的氨基。一般细菌的细胞常带有负电荷,带正电的基团与细菌蛋白质结合后使其改性并使细菌被絮凝、聚沉,从而抑制其繁殖能力,因此壳聚糖抑菌能力受其游离氨基数的影响。甲壳素或壳聚糖经湿法纺丝后制得的纤维对大肠杆菌、枯草杆菌、金黄色葡萄球菌、乳酸杆菌等常见菌种具有很好的抑菌作用(图3)。

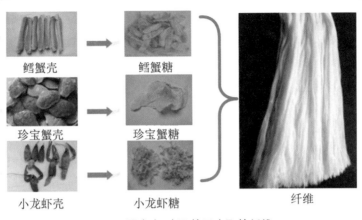

鳕蟹壳 → 鳕蟹糖

珍宝蟹壳 → 珍宝蟹糖

小龙虾壳 → 小龙虾糖

纤维

图3　甲壳素、壳聚糖及壳聚糖纤维

麻纤维。麻纤维指从各种麻类植物中取得的纤维,包括一年生或多年生的草本双子叶植物皮层的韧皮纤维和单子叶植物的叶纤维,如苎麻、大麻、亚麻、罗布麻等(图4)。它们都具有天然抗菌和抑菌防臭功能,属于天然的绿色环保纤维。麻纤维的抗菌方式主要有两种:一种方式是由于麻纤维内部独特的中空孔腔结构,不仅富含氧气,抑制了厌氧菌的生长,而且由于毛细管作用使纤维具有吸湿快干的功能,破坏了细菌赖以生长的潮湿环境;另一种方式是麻纤维中的抗菌化学成分如麻甾醇等有益物质,可以通过阻碍霉菌代谢作用和生理活动,破坏菌体结构,最终导致微生物的生长繁殖被抑制,使菌体死亡。

图4　麻纤维

竹纤维。按照选材及加工工艺的不同,竹纤维可分为竹原纤维和竹浆纤维。竹原纤维又称天然竹纤维或者原生竹纤维，是采用物理方法，利用纯天然物质的浸出液，通过浸、煮、软化等多道工序，去除木质素及杂质后制成的(图5)。竹原纤维表面有竹节，截面呈椭圆形，有环状中腔，手感和光泽接近于麻纤维，具有良好的透气性、吸湿性和天然抗菌性。竹浆纤维又称再生竹黏纤维，它是采用化学的方法，用碱法水解及分段精漂工艺制成的。竹浆纤维虽属再生纤维，但是同样具有天然纤维的某些特性，具有良好的吸湿性、透气性，且染色性能优良。竹纤维的抗菌性是因为纤维中含有的天然抗菌成分"竹醌"，醌是含有共轭环己二烯二酮或环己二烯二亚甲基结构的一类有机化合物的总称。我们生活中大部分细菌都是阴性的，而竹纤维当中的醌是阳性的，当它们相遇时就会产生"阴阳相克"，醌还能破坏细菌的细胞壁，使细菌的生存能力减弱，从而减少细菌的数量。

图5　竹纤维

魔法变身的"人造"抗菌纤维

抗菌纤维中另一大类是人造抗菌纤维，也就是说这些纤维本身没有抗菌性，需要人为通过化学或物理的方法增加抗菌组分，然后"魔法变身"，用不同的加工方法使其成为具有抗菌功能的纤维。人造抗菌纤维的"变身魔法"有化学改性法、共混改性法和功用后整理法等。

化学改性法。通过化学方法在高分子分子结构中引入抗菌功能基团/

组分,如氨基、季铵盐、银离子等,可以是在纤维加工用的高分子原料制备时,在纤维加工的过程中,或者对成品纤维进行化学处理时。该方法的优点是产品抗菌效果好、耐久性好、安全性高,缺点是可供选择的抗菌基团种类有限、反应条件严格。

共混改性法。该方法主要是针对一些没有反应性侧基的纤维,如涤纶、锦纶、丙纶等,在纤维加工用的高分子原料聚合阶段或常规纺丝方法(溶液纺丝、熔融纺丝)的纺丝流体(溶液、熔体)中,将抗菌剂引入而制得抗菌纤维。该方法一直是开发功能性纤维的主要手段,其优点是能够将抗菌剂按照设计需要分布在纤维中,所制得的纤维抗菌性能稳定、持久。但此法所采用的抗菌剂一般需耐高温,与聚合物的相容性要好,分散性要符合纺丝工艺的要求。

功能后整理法。该方法是采用抗菌液对纤维或者纺织品进行浸渍、浸轧或涂覆处理,通过高温焙烘或其他方法将抗菌剂物理固定在纤维上的方法。功能后整理法不需大的设备投资,加工方便,可选择的抗菌剂范围广泛,可以处理各类纤维/纺织品,特别是天然纤维/纺织品。但该方法所制得的抗菌纤维往往不耐洗涤,抗菌持久性差。

"人造"抗菌纤维的核心——抗菌剂

化学抗菌纤维最核心的便是抗菌剂了,它可是抗菌纤维的"小心脏"。目前加工抗菌纤维所用的抗菌剂主要有无机、有机和天然三类。

无机抗菌剂。无机抗菌剂具有安全性高、不产生耐药性等特点,特别是其优异的耐热性和化学稳定性,在纤维、塑料、陶瓷、涂料领域已得到广泛应用。无机抗菌剂常用的金属离子主要是银、铜和锌。无机抗菌剂的作用机理是"金属离子接触反应":当带有正电荷的微量金属离子接触到微生物的带负电的细胞膜时,发生库仑引力作用,金属离子穿透细胞膜进入细菌体内与细菌内蛋白质上的巯基、氨基发生反应,破坏细胞蛋白质,造成微生物死亡或丧失分裂增殖能力。无机抗菌剂中的颗粒尺寸小到纳米级时,具有高效抗菌性、抗菌谱广等优点,具有很大的发展应用空间。

有机抗菌剂。有机抗菌剂具有杀菌力强、效果迅速、来源广泛、价格便宜等优点。常用的有季铵盐类、卤化物类、异噻唑类、二苯醚类、有机金属和有机氮类化合物等。其作用主要是与细菌或霉菌的细胞膜的阴离子结合,或与巯基反应,破坏蛋白质和细胞膜的合成系统,从而抑制细菌或霉菌的繁殖,起到杀菌、抑菌、防霉等作用。但它的缺点是有毒性,安全性和耐热性较差,易使微生物产生耐药性等。

天然抗菌剂。 天然抗菌剂来源于自然界,资源极其丰富,主要有壳聚糖、鱼精蛋白、桂皮柏和罗汉柏油等,大都是从动、植物中提炼精制而成的,具有对气候适应性强、毒性低、使用安全等优点。天然抗菌剂的缺点是耐热性差、药效持续时间短、使用寿命短且受生产条件的制约。

人类健康离不开抗菌纤维

抗菌纤维是一种重要的功能材料,可以提高人们的卫生保健水平,降低公共环境交叉感染。国内外抗菌卫生纺织品的应用范围日益广泛,在纺织品中所占比例也逐渐增大,常见的有:

抗菌医护用品。 用抗菌纤维/织物制成手术服、医用缝合线、绷带、纱布、口罩、拖鞋、护士服、病员服等,可以大大减少医护人员和病人的感染风险。

抗菌家用纺织品。 各种家用纺织品如床单、被罩、毛巾、手套、抹布、地毯、布玩具等,也开始使用抗菌织物。用抗菌织物制成的床单、被罩能有效抑制和灭杀多种致病菌,对多种湿疹、皮炎、褥疮、去除汗臭及预防交叉感染等具有特殊作用。

多用途抗菌纺织品。 帐篷、广告布、遮阳布、过滤布、各类军用布、绳带、布袋;食品、制药行业的覆盖布、工作服也已开始使用抗菌织物。如使用抗菌织物制成的过滤介质,可以使一些物质经过滤后细菌不增加、不繁殖,甚至减少;抗菌纤维增强水泥制成的抗菌混凝土,常用于医院病房、动物园围墙等细菌较多且容易繁殖的地方,汽车、船舶、飞机等室内抗菌装饰布,可获得良好的抗菌效果。

抗菌纤维将以它得天独厚的优势造福全人类!

气　凝　胶

——"冻结的烟雾"

杨国强　张　涛[*]

气凝胶是世界上最轻的固体

当人们在谈论一个物体轻重的时候，用密度最能说明问题。通常用水作为参考，1 cm³ 的水大约重 1 g，密度为 1 g/cm³；在水冻成冰后，体积会有所膨胀，冰的密度大约为 0.9 g/cm³。固体材料通常是比较重的，比如常见的铜、铁、铝、玻璃、陶瓷、石墨等材料的密度都大于 1 g/cm³，纯铜密度为 8.9 g/cm³，纯铁密度为 7.8 g/cm³，纯铝密度为 2.7 g/cm³，而玻璃的密度约为 2.6 g/cm³，三氧化二铝陶瓷的密度为 3.3~3.9 g/cm³，石墨的密度则为 2.25 g/cm³。此外，在日常生活中很多固体的密度都比水轻。

纸的质地轻薄柔韧，不仅是我们书写、绘画的材料，也可以用来擦拭液体，是我们日常保洁的好帮手。纸的质量很轻，但不同密度的纸会有些差异，一般在 0.7~1.2 g/cm³，与水的密度接近。

生活中还有很多比纸更轻的固体。棉花雪白、舒适，是做服装的好材料，感觉也很轻。为了让棉花拥有更好的保暖性能，经过弹制的棉花，密度可以低至水的 1/3 以下，但它仍然不是最轻的固体。

如果你借助电脑里的搜索工具或手机上的语音助手，你一定可以找到答案：世界上最轻的固体是一种叫作气凝胶的材料[1]，它看上去呈云雾状，人们形象地称之为"固态烟"或"冻结的烟雾"。根据吉尼斯世界纪录，目前世界上最轻的固体是一种"全碳气凝胶"[2]，每立方厘米仅 1.6×10⁻⁵ g 重（0.16 mg/cm³），水的密度是它的 6000 多倍，它的密度甚至比空气还小，如图

---

* 杨国强、张涛，中国科学院大学，中国科学院化学研究所。

1[2]所示。

图1　超轻全碳气凝胶

那么,气凝胶为什么会这么轻呢? 这个问题要从凝胶的组成讲起。凝胶在自然界及我们的日常生活中广泛存在,它通常是由溶胶形成的固体网络和填充其中的大量液体组成的。例如孩子们很喜欢吃的果冻就是一种凝胶,它的主要成分是可食用胶与水。如果把凝胶中的液体去除,同时保持它的固体网络不发生改变,网络结构中充满的是气体,就形成了所谓的气凝胶,它的密度一定可以轻很多。气凝胶一般就是通过这个原理得到的,但是美国斯坦福大学的基斯特勒(S.S.Kistler)教授宣布,在他获得该研究成果之前,谁也未曾做到这点。人们发现伴随着液体的减少,凝胶往往会发生收缩、塌陷,得到的干胶密度远远大于最初设想的目标。如果你有兴趣的话,可以买来一块果冻,想办法让它失水、干燥,观察这个过程中凝胶体积是如何变化的之后你就会明白。

1931 年,基斯特勒教授用超临界干燥技术成功地制得了二氧化硅气凝胶。[3]他借助液体在超临界态以上气液界面消失的特点,巧妙地消除了干燥过程中液体表面张力引起的凝胶收缩。随后,基斯特勒教授和他的同事们进一步证明了超临界干燥法可以应用于多种气凝胶的制备[2],他们迅速制备出了氧化铝、氧化钨、氧化铁、氧化锡、酒石酸镍、纤维素、硝化纤维素、明胶、琼脂以及蛋清白蛋白等多种材料的气凝胶。近年来,基于各种各样不同材质的气凝胶在实验室中不断地被研发制备出来。

气凝胶的奇特性质

由于气凝胶具有纳米材料的基本特性,极低密度、极高孔隙率以及耐温隔热等特性,它不仅能够承受烈性炸药的爆炸冲击波,而且不同的材料还可以承受不同的高温,甚至可以实现1300℃以上的高温条件下隔热。气凝胶创下了多项吉尼斯纪录,在热学、光学、电学、力学、声学等领域显示许多奇特的性能,在隔热、吸附、催化等众多科学领域都有着广泛的应用前景,像过滤被污染的水,隔绝极端温度,甚至制作珠宝首饰等。它被称为改变世界的神奇材料,并被列入20世纪90年代以来十大热门科学技术之一。

其中,气凝胶最为人们所津津乐道的性质就是它的超强绝热能力。衡量一种材料直接传导热量的能力可以用热导率(thermal conductivity)来表征,热导率定义为单位截面、单位长度的材料在单位温差下和单位时间内直接传导的热量大小。气凝胶的热导率甚至可以比静止的空气还低,是一种超级阻隔热量传递的材料。气凝胶的绝热能力主要源自于它的固体网络形成的纳米多孔结构(图2),这种特殊结构可以有效地降低热量的直接传导和利用空气进行对流传热,这就使得热量很难穿透气凝胶。一片薄薄的气凝胶就足以保证娇嫩的鲜花在喷灯产生的上千摄氏度的高温炙烤下竟然能够完好无损(图3)。[4]

1.0kV-D 2.8mm x80.0k SE(M.LA0)　　　500nm

图2　二氧化硅气凝胶的电子显微镜照片

图3 火焰上的鲜花

气凝胶离我们有多远？

气凝胶因其性能卓越，首先被应用于航天探测工程。它曾经保卫火星探险车在那颗荒凉的橘红色星球上漫游，而不被那里的极端严酷的环境所毁坏；气凝胶还扮演"星尘捕手"的角色，加入"星尘号"步入搜集彗星微粒的旅程。

此外，它还充当"关键先生"参与切连科夫辐射探测器对高速带电粒子进行检测。切连科夫辐射是由1958年诺贝尔物理学奖获得者、苏联物理学家帕·阿·切连科夫所发现的，当放射线穿过流体时产生一种淡蓝色辉光的效应，利用这一效应可以计算出带电粒子的数量、运动方向与速度，现已成为粒子物理学领域中一项非常重要的研究手段。

但是，如此超凡脱俗的气凝胶我们却很少听说或见到，这是为什么呢？原因是它太贵了！所以目前气凝胶还未能广泛地进入我们的日常生活中。

这主要是因为气凝胶最初是依靠一种所谓的"超临界态"干燥技术来制备的。超临界态是物质的一种特殊状态,即温度和压力处于"临界温度"和"临界压力"以上的一种状态。所谓临界温度是指这样一个奇特的温度:当物质被加热到这个温度时会变成气体,而气体在这个温度以上,无论你如何压缩都不能让气体变成液体;临界压力则是指这样一个奇特的压力:在这个压力以上无论你怎样降温也不能使气体变成液体。超临界状态下的流体既不是气体,也不是液体,它兼备气体和液体的一些性质,既具有气体的低黏度,又具有液体的高密度,同时还具有介于气体和液体之间的扩散系数。利用物质的这个特性,就可以对物质进行高效的分离或萃取,当然也可以去除物质中的水,在制造气凝胶的过程中进行干燥。

超临界态干燥技术就是人们利用"超临界态"特性发展起来的一种化工技术,把超临界介质(如二氧化碳)的温度和压力提高到临界温度和临界压力条件下,对凝胶中的水或乙醇进行干燥。这种工艺的好处是能保持物料固体部分原有的结构和状态,从而可以有效地防止常温干燥和烘烤干燥等常用方法在干燥过程中造成的物料团聚、粒子变粗、空隙大量减少等问题。这种工艺是推动气凝胶登上科技舞台的"有功之臣"。但它的缺点也显而易见,不仅设备十分昂贵(要满足高温高压操作条件),而且生产周期长、工艺复杂、成本高、产量低,这些制约了气凝胶的规模化推广应用。

气凝胶的众多奇特性质,吸引了全世界越来越多的研究人员投身到气凝胶的研究工作中。近年来,中国科学家发明了常温及减压干燥工艺,降低了生产成本,大大提高了气凝胶的生产能力,如图4所示。

图4　常温减压干燥法制备的半透明气凝胶材料

随着各种新的制备工艺的进一步成熟,气凝胶批量生产的瓶颈终将会被打破。可以预期,在不远的将来,气凝胶不仅能飞上九天,为航天航空事业作出贡献,也能"飞入寻常百姓家",让我们的生活更加美好。

参 考 文 献

[1] https://www.guinnessworldrecords.com/world-records/least-dense-solid/ .

[2] Sun H, Xu Z, Gao C. Multifunctional, Ultra-flyweight, Synergistically Assembledcarbon Aerogels[J]. Adv. Mater, 2013, 25(18): 2554-2560.

[3] Kistler S S. Coherent Expanded Aerogels and Jellies[J]. Nature,1931,127(3211): 741-741.

[4] Riffat S B, Qiu G. A Review of State-of-the-art Aerogel Applications in Buildings[J]. International Journal of Low-Carbon Technologies, 2012, 8(1): 1-6.

后　记

　　"新材料科普丛书"是中国材料研究学会组织新材料领域部分一线科学家编撰的系列科普著作,致力于打造材料界科学普及的品牌,营造科学普及和文化传播的科学氛围,提升前沿新材料科学研究水平、产业发展进度和社会影响。

　　《走近前沿新材料.2》作为"新材料科普丛书"之一,得到了材料界同仁们的大力支持,众多热心新材料研究开发的专家学者对本书的撰写提出了积极的建议。书中每篇文章的作者无不是认真撰写,反复修改,竭力打造出科普精品著作。担任后期编辑工作的中国材料研究学会秘书处工作人员做了大量艰苦细致的工作。在此一并表示感谢。

　　本书部分图片摘引自网络、国内外图书和相关学术文献,因时间仓促无法与版权所有者一一取得联系。如有侵权,请版权所有者与本套图书执行副主编魏丽乔教授联系(邮箱 weiliqiaoty@163.com),协商解决版权问题。

编　者

2020年6月